DEUG-EXOS
MATHÉMATIQUES

Géométrie plane : courbes paramétrées, coniques, réseaux

Daniel ALIBERT
Professeur à l'université Joseph Fourier (Grenoble)

Dans la même collection

Volume 1. *Ensembles, applications. Relations d'équivalence. Lois de composition (groupes). Logique élémentaire*, 1999.

Volume 2. *Relations d'ordre. Entiers. Anneaux et corps. Nombres réels*, 1999.

Volume 3. *Topologie élémentaire. Suites. Fonctions d'une variable réelle. Limites*, 1999.

Volume 4. *Étude locale des fonctions dérivables. Développements limités*, 2000.

Volume 5. *Étude globale des fonctions : fonctions continues, dérivables. Fonctions usuelles. Convexité*, 2000.

Volume 6. *Espaces vectoriels. Applications linéaires. Matrices. Diagonalisation et trigonalisation*, 2000.

Volume 7. *Arithmétique et algèbre commutative*, 2000.

Volume 8. *Intégration : intégrale de Riemann, primitives, intégrales généralisées*, 2001.

Volume 9. *Géométrie plane : courbes paramétrées, coniques, réseaux*, 2001.

ISBN 2-7298-0697-0

© Ellipses Édition Marketing S.A., 2001
32, rue Bargue 75740 Paris cedex 15

Le Code de la propriété intellectuelle n'autorisant, aux termes de l'article L.122-5.2° et 3°a), d'une part, que les « copies ou reproductions strictement réservées à l'usage privé du copiste et non destinées à une utilisation collective », et d'autre part, que les analyses et les courtes citations dans un but d'exemple et d'illustration, « toute représentation ou reproduction intégrale ou partielle faite sans le consentement de l'auteur ou de ses ayants droit ou ayants cause est illicite » (Art. L.122-4).

Cette représentation ou reproduction, par quelque procédé que ce soit constituerait une contrefaçon sanctionnée par les articles L. 335-2 et suivants du Code de la propriété intellectuelle.

www.editions-ellipses.com

Organisation, mode d'emploi

Cet ouvrage, comme tous ceux de la série, a été conçu, dans son format comme dans son contenu, en vue d'un usage pratique simple.

Il s'agit d'un livre d'exercices corrigés, avec rappels de cours.

Il ne se substitue en aucune façon à un cours de mathématiques complet, il doit au contraire l'accompagner en fournissant des exemples illustratifs, et des exercices pour aider à l'assimilation du cours.

Ce livre a été écrit pour des étudiants des DEUG de sciences, dans les mentions où les mathématiques tiennent une place importante, c'est-à-dire MIAS et SM.

Il est le fruit de nombreuses années d'enseignement auprès de ces étudiants, et de l'observation des difficultés qu'ils rencontrent dans l'abord des mathématiques au niveau du premier cycle des universités :

– difficulté à valoriser les nombreuses connaissances mathématiques dont ils disposent lorsqu'ils quittent le lycée,
– difficulté pour comprendre un énoncé, une définition, dès lors qu'ils mettent en jeu des objets abstraits, alors que c'est la nature même des mathématiques de le faire,
– difficulté de conception et de rédaction de raisonnements mêmes simples,
– manque de méthodes de base de résolution des problèmes.

L'ambition de cet ouvrage est de contribuer à la résolution de ces difficultés au côté des enseignants des cours et travaux dirigés.

Ce livre comporte quatre parties.

La première, intitulée "A Savoir", rassemble les définitions et résultats qui sont utilisés dans les exercices qui suivent. Elle ne contient ni démonstration, ni exemple.

La seconde est intitulée "Pour Voir" : son rôle est de présenter des exemples de toutes les définitions, et de tous les résultats de la partie précédente, en ne faisant référence qu'aux connaissances qu'un étudiant abordant le chapitre considéré a nécessairement déjà rencontré (souvent des objets et résultats abordés avant le baccalauréat). La moitié environ de ces exemples sont développés complètement, pour éclairer la définition ou l'énoncé correspondant. L'autre moitié est formé d'énoncés intitulés "exemple à traîter" : il s'agit de questions permettant au lecteur de réfléchir de manière active à d'autres exemples très proches des précédents. Ils sont suivis immédiatement d'explications détaillées.

La troisième partie est intitulée "Pour Comprendre et Utiliser" : des énoncés d'exercices y sont rassemblés, en référence à des objectifs. Ces énoncés comportent des renvois (☺) pour obtenir des indications pour résoudre la question.

Tous les exercices sont corrigés de manière très détaillée dans la partie 3-2. Au cours de la rédaction, on a souvent proposé au lecteur qui souhaiterait approfondir, ou élargir, sa réflexion, des questions complémentaires (QC), également corrigées de façon détaillée.

La quatrième partie, "Pour Chercher", rassemble les indications.

Certains livres d'exercices comportent un grand nombre d'exercices assez voisins, privilégiant un aspect "entraînement" dans le travail de l'étudiant en mathématiques. Ce n'est pas le choix qui a été fait ici : les exemples à traiter, les exercices et les questions complémentaires proposés abordent des aspects variés d'une question du niveau du DEUG de sciences pour l'éclairer de diverses manières et ainsi aider à sa compréhension.

Il est inévitable que, malgré la relecture attentive de l'ensemble de l'ouvrage, des erreurs subsistent. L'auteur en assume la responsabilité.

Il sera très reconnaissant à ceux de ses lecteurs qui voudront bien prendre la peine de les lui signaler, soit en écrivant à l'éditeur, soit directement sur son site internet à l'adresse suivante :

http://www-valence.ujf-grenoble.fr/~alibert/

Il n'est pas impossible qu'une feuille d'errata figure à terme sur ce site, si la nécessité s'en faisait sentir. Le lecteur y trouvera des liens que l'auteur a jugé intéressants vers le monde des mathématiciens internautes, le Centre Scientifique Joseph Fourier Drôme-Ardèche, et l'université Joseph Fourier.

Table des matières

1. A Savoir 9
   1-1 Courbes planes définies
       par une représentation paramétrique 9
   1-2 Coniques 15
   1-3 Réseaux du plan 19
   Complément : mathématiques avec un logiciel
   de calcul formel (MAPLE) 25

2. Pour Voir 29
   2-1 Courbes planes définies
       par une représentation paramétrique 29
   2-2 Coniques 51
   2-3 Réseaux du plan 63

3. Pour Comprendre et Utiliser 81
   3-1 Énoncés des exercices 81
   3-2 Corrigés des exercices 95
   3-3 Corrigés des questions complémentaires 149

4. Pour Chercher : indications pour les exercices 155

1 ✸ A Savoir

Dans cette partie, on rappelle rapidement les principales définitions et les principaux énoncés utilisés. Vous devrez vous référer à votre cours pour les démonstrations.

Vous trouverez des exemples dans la partie 2*Pour Voir.

1-1 Courbes planes définies par une représentation paramétrique

Soient x et y des fonctions de la variable t, définies sur une partie de $\mathbb{R}$, à valeurs dans $\mathbb{R}$, on appelle (C) l'ensemble des points M(t) = (x(t), y(t)), lorsque t parcourt le domaine de définition. On dit que M(t) est le point "de paramètre t". On notera ici O l'origine du repère du plan.

Un cas particulier de cette situation est celui où t = x et y est une fonction de x (graphe de fonction).

On supposera dans tout ce paragraphe que les fonctions x et y sont "suffisamment régulières", c'est-à-dire dérivables jusqu'à un ordre convenable pour les méthodes d'étude présentées, au moins jusqu'à l'ordre 2.

Le problème général est de donner l'allure de la courbe (C).

Par ailleurs, on veut pouvoir préciser cette allure au voisinage de certains points (tangente, position par rapport à la tangente) ou au voisinage de l'infini.

On donne le canevas général de l'étude d'une telle courbe.

(1) Préciser le domaine de définition de chacune des deux fonctions de t, x et y. Le domaine de définition de la courbe sera l'intersection des domaines de définiton de x et de y.

On s'efforcera ensuite, si possible, de réduire le domaine d'étude de la courbe, de plusieurs manières :

⊙ Si les fonctions x et y sont périodiques, il suffit d'étudier la courbe sur un intervalle dont la longueur est la plus petite période commune à x et y.

⊙ Si les fonctions x et y sont paires, ou impaires (ce qui sous-entend que le domaine de définition commun est symétrique par rapport à l'origine), on pourra réduire le domaine d'étude à $t \geq 0$, puis compléter le tracé de la courbe par une ou plusieurs symétries.

Proposition

1) Si x est une fonction paire, et y une fonction impaire, la courbe est symétrique par rapport à l'axe Oy.

2) Si x et y sont impaires, la courbe est symétrique par rapport à l'origine.

3) Si x est impaire et y paire, la courbe est symétrique par rapport à l'axe Ox.

4) Si x et y sont paires, la courbe est complètement étudiée pour $t \geq 0$.

⊙ On peut, bien entendu, généraliser cet énoncé au cas où le domaine de définition est symétrique par rapport à un réel a, et où les fonctions :
$$t \mapsto x(t + a), \quad t \mapsto y(t + a)$$
ont des propriétés de parité.

(2) Une première vue globale de (C) s'obtient à partir du tableau des variations simultanées de x(t) et y(t), élaboré le plus souvent à partir du calcul des dérivées x'(t) et y'(t) et de l'étude de leur signe sur différents intervalles.

A savoir

Proposition

Soit I un intervalle contenu dans le domaine d'étude de (C).

1) Si x et y sont croissantes sur I, pour t croissant dans I, le point M(t) décrit une branche de la courbe de gauche à droite, et du bas vers le haut.

2) Si x et y sont décroissantes sur I, pour t croissant dans I, le point M(t) décrit une branche de la courbe de droite à gauche, et du haut vers le bas.

3) Si x est croissante, et y décroissante sur I, pour t croissant dans I, le point M(t) décrit une branche de la courbe de gauche à droite, et du haut vers le bas.

4) Si x est décroissante, et y croissante sur I, pour t croissant dans I, le point M(t) décrit une branche de la courbe de droite à gauche, et du bas vers le haut.

(3) On détermine également, le cas échéant, le résultat de l'étude des limites de x(t) et y(t) pour t tendant vers l'infini, ou vers une limite finie.

Proposition

Si, pour t tendant vers l'infini ou une valeur finie :
1) x(t) tend vers a et y(t) tend vers b, le point M(t) tend vers (a, b).
2) x(t) tend vers a et y(t) tend vers l'infini, (C) est asymptote à la droite d'équation x = a.
3) x(t) tend vers l'infini et y(t) tend vers b, (C) est asymptote à la droite d'équation y = b.

(4) On peut, à ce stade de l'étude, tracer une première esquisse de (C), avant de préciser par une **étude locale** quelques points particuliers restés en suspens, ou mis en évidence par ce tracé sommaire.

⊙ Quel est l'aspect de la courbe au voisinage des points où les dérivées de x et y sont simultanément nulles.

⊙ On peut aussi vouloir préciser la tangente en quelques points.

Proposition

Etude locale au point correspondant à $t = t_0$, tangente

1) Si $(x'(t_0), y'(t_0)) \neq (0, 0)$, le vecteur tangent en $M(t_0)$ est le vecteur dérivé $(x'(t_0), y'(t_0))$. On dit que le point est **ordinaire**.

2) Si $(x'(t_0), y'(t_0)) = (0, 0)$, on dit que le point est **stationnaire**.

On suppose qu'on peut écrire la formule de Taylor pour x et y à un ordre quelconque, en t_0.

Le vecteur tangent est le premier vecteur non nul dans le développement associé, donc correspond au premier rang p pour lequel $x^{(p)}(t_0)$ et $y^{(p)}(t_0)$ ne sont pas tous deux nuls.

Proposition

Etude locale au point correspondant à $t = t_0$, position par rapport à la tangente

La position par rapport à la tangente est déterminée par le premier vecteur dérivé d'ordre supérieur au vecteur tangent, non proportionnel au vecteur tangent. Soit p l'ordre de dérivation du vecteur tangent et q l'ordre de dérivation du vecteur suivant qui ne lui est pas proportionnel.

1) Si p est impair et q pair, on a un **point d'aspect ordinaire**.

2) Si p est impair et q impair, on a un **point d'inflexion**.

3) Si p est pair et q impair, on a un **point de rebroussement de première espèce**.

4) Si p est pair et q pair, on a un **point de rebroussement de deuxième espèce**.

⊙ Ces deux vecteurs forment un repère du plan au voisinage du point considéré.

⊙ Lorsque le point considéré est un point ordinaire, p = 1, donc les deux premiers cas sont les seuls possibles en un tel point.

A savoir

(5) Branches infinies : On suppose que la longueur de **OM**(t) tend vers l'infini, c'est-à-dire que x(t) ou y(t) tendent vers l'infini lorsque t tend vers une valeur t_0, ou vers l'infini.

Proposition

1) Si l'une des deux coordonnées seulement tend vers l'infini, on obtient une asymtote parallèle à l'un des axes.

2) Si les deux coordonnées tendent vers l'infini, on étudie si la direction de la droite OM(t) a une limite, en regardant si le rapport y(t)/x(t) a une limite.

    2-1 Si ce n'est pas le cas on ne donne pas de règle générale.

    2-2 Si y(t)/x(t) tend vers m, on dit que la courbe présente une **direction asymptotique** de pente m.

Si m = 0 ou m infini, on obtient une **branche parabolique** dans la direction d'un des axes de coordonnées.

3) Si m est fini non nul, on regarde s'il existe une droite asymptote à la courbe : on forme y(t) − m x(t).

    3-1 Si cette expression a une limite finie r, la droite d'équation :
$$y = mx + r$$
est une **asymptote**.

La position de la courbe par rapport à une asymptote s'étudiera par le signe de la différence :
$$y(t) - mx(t) - r.$$

    3-2 Si l'expression y(t) − mx(t) tend vers l'infini, on dit que la courbe a une **branche parabolique** dans la direction de pente m.

(6) Questions diverses. Les calculs précédents ont permis un tracé plus précis de (C). Il peut rester quelques questions à examiner.

⊙ Quelles sont les coordonnées des points d'intersection (éventuels) de (C) avec les axes ?

⊙ S'ils semblent exister, quels sont les points doubles de (C)...

1-2 Coniques

Définition

Soit Δ une droite, et F un point n'appartenant pas à Δ. Soit e un réel strictement positif. On appelle **conique de foyer F, de directrice Δ, d'excentricité e**, l'ensemble des points M du plan vérifiant la relation :
$$d(M,F) = e\, d(M,\Delta).$$

⊙ Dans cette définition, $d(M,F)$ désigne la distance de M à F, et $d(M,\Delta)$ la distance de M à la droite Δ.

⊙ Dans ce paragraphe, on étudie quelques propriétés élémentaires des coniques.

Proposition

Soit H la projection de F sur Δ. On rapporte le plan à un repère orthonormé d'axes HF, et Δ.
On note q la distance de H à F, qui est ici l'abscisse de F.
Avec ces choix, l'équation de la conique est :
$$x^2(1 - e^2) + y^2 - 2qx + q^2 = 0.$$
On obtient trois types de courbes :

$e = 1$, c'est une parabole

$e > 1$, c'est une hyperbole

$e < 1$, c'est une ellipse.

⊙ Toutes les coniques ont un axe de symétrie, la droite HF.

⊙ Dans les deux derniers cas, la figure obtenue admet un autre axe de symétrie, parallèle à Δ, c'est la droite D d'équation :
$$x = \frac{q}{1 - e^2}.$$

⊙ Le point d'intersection des deux axes de symétrie, soit O, est un centre de symétrie pour la courbe. On l'appelle le **centre** de la conique.

⊙ L'équation d'une *conique à centre* (ellipse, hyperbole) dans un système orthonormé d'axes D et HF est :

$$X^2 \frac{(e^2-1)^2}{q^2 e^2} - Y^2 \frac{(e^2-1)}{q^2 e^2} = 1.$$

On note a le réel positif :

$$\frac{qe}{\left|1-e^2\right|},$$

c'est la distance entre le centre O et l'un des points S et S' situés sur l'axe des abscisses (**sommets**). Pour une ellipse, c'est la longueur du **demi-grand axe.**

On note b le réel positif :

$$\frac{qe}{\sqrt{\left|1-e^2\right|}}.$$

Dans le cas d'une ellipse, c'est la distance entre O et l'un des points situés sur la droite D (**demi-petit axe**).

⊙ Avec ces choix, l'équation d'une ellipse s'écrit :

$$\frac{X^2}{a^2} + \frac{Y^2}{b^2} = 1.$$

L'équation d'une hyperbole est :

$$\frac{X^2}{a^2} - \frac{Y^2}{b^2} = 1.$$

⊙ Soit c la distance entre O et F (**distance focale**).

On vérifie facilement que pour une ellipse :

$$c^2 + b^2 = a^2, \quad c = \frac{qe^2}{1-e^2},$$

et pour une hyperbole :

$$c^2 = a^2 + b^2,$$

A savoir

$$c = \frac{qe^2}{e^2 - 1}.$$

Dans les deux cas :

$$e = \frac{c}{a}.$$

Proposition

On note F' le symétrique de F par rapport à O, et Δ' la droite symétrique de Δ par rapport à O.

1) Si la conique est une ellipse, un point M appartient à la conique si et seulement si :

$$d(M, F) + d(M, F') = e\, d(\Delta, \Delta') = 2a.$$

2) Si la conique est une hyperbole, un point M appartient à la conique si et seulement si :

$$|d(M, F) - d(M, F')| = e\, d(\Delta, \Delta') = 2a.$$

⊙ On peut en déduire une méthode pratique de tracé de l'ellipse : fixer aux foyers les extrémités d'un fil de longueur 2a, tendre le fil à l'aide de la pointe d'un crayon, et tracer en déplaçant cette pointe.

Construction de points

Parabole

Soit S le milieu de FH, et T la parallèle à Δ menée par S. Soit N un point quelconque de T, différent de S. La droite FN coupe Δ en R.

La parallèle à FH menée par R coupe la médiatrice de FR en M. Ce point est un point de la parabole.

Construction de points
Ellipse, hyperbole

La construction passe par le tracé intermédiaire du **cercle directeur**.
Soit G le symétrique de F par rapport à S. Le cercle de centre F' passant par G est le cercle directeur.
Soit P un point quelconque du cercle directeur de centre F'. L'intersection de F'P et de la médiatrice de FP est un point de la conique.

Construction des sommets
Ellipse, hyperbole

Soit une conique à centre de foyer F et directrice Δ. On suppose connu un point M_0 de cette conique.

Si M_0 n'est pas un sommet, on peut **déterminer les sommets** par la construction suivante :

Tracer le cercle de centre M_0 passant par F. Tracer la perpendiculaire à Δ passant par M_0. Elle coupe le cercle en deux points Q et Q'. Les droites QF et Q'F coupent Δ en N et N' respectivement. Les droites NM_0 et $N'M_0$ coupent l'axe principal de la conique en ses sommets S et S'.
Le milieu de SS' est le centre O. Le symétrique de F par rapport à O est le second foyer F' de la conique.

Proposition

Soit C une conique, de foyer F et de directrice Δ, et M un point de C. La **tangente** T à C en M est déterminée de la manière suivante :
1- Si C est une parabole, T est la bissectrice de l'angle de sommet M dont les côtés sont MF et la perpendiculaire à Δ menée par M.
2- Si C est une conique à centre, de foyers F et F', T est une bissectrice de l'angle (MF, MF') (intérieure dans le cas d'une hyperbole, extérieure dans le cas d'une ellipse).

1-3 Réseaux du plan

Dans le cadre limité de cet ouvrage, on donne les résultats élémentaires concernant les réseaux plans, les conclusions qui peuvent s'en déduire sur les types de réseaux et leurs groupes de symétrie seront vus en exercice.

Rappelons que les isométries du plan vectoriel $\mathbb{R}^2$ sont les rotations autour de l'origine, et les symétries par rapport à une droite passant par l'origine.

Cette partie met en application nombre de domaines vus dans de précédents volumes : théorie des groupes, algèbre linéaire, artithmétique...

On se place dans un plan identifié à $\mathbb{R}^2$ par le choix d'une origine O. Soient 2 vecteurs non colinéaires :
$$OA = a, OB = b.$$

Définition

On appelle **réseau** engendré par a, b, l'ensemble :
$$\mathbb{Z}\,a + \mathbb{Z}\,b$$
des combinaisons linéaires des vecteurs a, b, à coefficients entiers relatifs.

⊙ Le réseau engendré par a, b est donc :
$$R_{a,b} = \{v \in \mathbb{R}^2 \mid \exists\,(m, n) \in \mathbb{Z}^2,\ v = ma + nb\}.$$

⊙ L'extrémité du vecteur v = ma + nb est appelé un **nœud**, et souvent désigné par ses coordonnées sur (a, b), soit (m, n).

⊙ $R_{a,b}$ est un sous-groupe de $(\mathbb{R}^2, +)$.

⊙ (a, b) n'est pas déterminé de manière unique par $R_{a,b}$.

⊙ Etant donnés deux nœuds M et N d'un réseau, il existe une translation de la forme ma + nb (m, n, entiers) transformant M en N.

⊙ Un réseau a une structure analogue à celle d'un espace vectoriel, avec des différences importantes cependant.

Proposition

Soit $R_{a,b}$ un réseau de $\mathbb{R}^2$. Soit r un réel strictement positif. Le disque fermé de centre O et de rayon r contient un nombre fini de nœuds du réseau.

Définition

On appelle **$\mathbb{Z}$-base** d'un réseau de $\mathbb{R}^2$ une famille (e_1, e_2) de vecteurs linéairement indépendants sur $\mathbb{R}$ telle que tout élément du réseau s'écrit comme combinaison linéaire de ces vecteurs, à coefficients entiers.

⊙ En particulier il n'est pas suffisant que les vecteurs soient linéairement indépendants.

Proposition

Soit $R_{a,b}$ un réseau de $\mathbb{R}^2$. Soit (e_1, e_2) une famille d'éléments du réseau. Cette famille est une $\mathbb{Z}$-base du réseau si et seulement si le déterminant de la matrice de (e_1, e_2) dans la base (a, b) est inversible dans $\mathbb{Z}$, c'est-à-dire égal à 1 ou -1.

⊙ On appelle **endomorphisme** du réseau une application f de $R_{a,b}$ dans lui-même, qui est $\mathbb{Z}$-linéaire. Un tel endomorphisme est caractérisé par la matrice des coordonnées des images f(a), f(b), dans la base a, b, matrice dont les coefficients sont des entiers.

⊙ Un **automorphisme** du réseau est un endomorphisme bijectif. Si a', b', sont les images de la base a, b, (a', b') est une $\mathbb{Z}$-base du réseau.

⊙ Réciproquement, une famille libre de deux vecteurs de $\mathbb{R}^2$, (a', b') définit un automorphisme du réseau $R_{a,b}$ si et seulement si la matrice de cette famille est une matrice à coefficients entiers, de déterminant égal à 1 ou à -1.

Définition

> On appelle **rangée** d'un réseau, définie par une droite contenant deux noeuds du réseau, l'ensemble des noeuds du réseau appartenant à cette droite.

⊙ Chaque noeud M distinct de O définit une rangée, notée R(M) :

$$R(M) = \{N \in R_{a,b} \mid \text{il existe } \lambda \text{ réel vérifiant } ON = \lambda \, OM\}.$$

⊙ Ces rangées passent à l'origine.

⊙ Si x = OM, on note encore R(x) la rangée formée des vecteurs ON, N étant un point de R(M). Cet ensemble R(x) est un sous-groupe de $R_{a,b}$.

Il contient l'ensemble $\mathbb{Z}.x$ de tous les multiples entiers de x, mais en général n'est pas égal à cet ensemble.

Proposition

> Dans la situation ci-dessus, les ensembles $\mathbb{Z}.x$ et R(x) coïncident si et seulement si les coordonnées du noeud M dans la base (a, b) sont des entiers premiers entre eux.

⊙ La seconde assertion justifie la définition suivante : on appelle **noeud indivisible** d'un réseau un noeud M pour lequel la rangée coïncide avec l'ensemble des multiples entiers du noeud.

⊙ D'autres rangées sont définies par deux points non alignés avec l'origine, soient M_1 et M_2, correspondant aux vecteurs x_1, et x_2. Une telle rangée est l'image par la translation de vecteur x_1 de la rangée $R(x_2 - x_1)$. On la note $R(x_2, x_1)$.

⊙ Si $x_2 - x_1$ est indivisible, la rangée $R(x_2, x_1)$ est égale à l'ensemble :

$$\{x_1 + r(x_2 - x_1) \mid r \in \mathbb{Z}\}$$

⊙ Soit R un réseau, et R' un sous-groupe de R. Alors R' est un réseau (c'est-à-dire admet une $\mathbb{Z}$-base).

⊙ De plus, étant donné un élément a' de R', indivisible dans R' (c'est-à-dire tel qu'il n'existe pas d'élément a" dans R' vérifiant a' = k.a", k étant un entier), il existe une $\mathbb{Z}$-base de R' contenant a'.

⊙ Une **maille** d'un réseau $R_{a,b}$ est définie par une famille (u, v) de deux vecteurs non colinéaires de $R_{a,b}$: on désigne ainsi le parallèlogramme défini par ces vecteurs.

Définition

Soit G un groupe, et E un ensemble. On dit que G **opère** dans E s'il existe une application :
$$G \times E \longrightarrow E, (x, A) \mapsto x.A,$$
ayant les propriétés suivantes :
1) Pour tout x, tout y de G, tout A de E, $(x.y).A = x.(y.A)$,
2) Si 1 désigne l'élément neutre de G, pour tout A de E, $1.A = A$.

⊙ Soit M un élément de E, on appelle **stabilisateur** de M, noté S(M), le sous-groupe de G formé des éléments g qui laissent M **invariant**, c'est-à-dire vérifient :
$$g(M) = M.$$

⊙ Lorsque G opère sur E, il opère également sur d'autres ensembles liés à E, par exemple l'ensemble des parties de E, P(E). On pourra donc considérer le stabilisateur d'une partie E' de E, c'est-à-dire l'ensemble des éléments g de G tels que $g(E') = E'$.

⊙ Si l'ensemble E est muni d'une structure, on cherchera les éléments de G qui respectent cette structure, c'est-à-dire qui sont des homomorphismes de la structure.

⊙ Soit M un élément de E. On appelle **orbite** de M sous l'action de G l'ensemble :
$$O(M) = \{g.M \mid g \in G\}.$$

⊙ L'ensemble des orbites forme une partition de E.

En effet la relation sur E :
    "x R y si il existe g dans G vérifiant x = g.y"
est une relation d'équivalence.

⊙ Les isométries du plan forment un groupe qui opère sur ce plan.

Le sous-ensemble des isométries qui laissent stable un réseau considéré est un sous-groupe du groupe des isométries.

Proposition

Soit G un groupe opérant sur un ensemble E.
1) Les stabilisateurs de deux points de E appartenant à la même orbite sont isomorphes.
2) Si G est fini, le nombre d'éléments de l'orbite d'un point M est égal à :
$$\frac{card(G)}{card(S(M))}.$$

Complément : Mathématiques avec un logiciel de calcul formel (MAPLE)

On présente ici quelques exemples d'études de géométrie à l'aide de MAPLE. Si vous utilisez un autre logiciel, vous devrez transposer les instructions données. On utilisera par la suite ces commandes dans les exemples et la résolution des exercices. Notons toutefois que la connaissance du logiciel n'est pas indispensable pour la lecture de ces exemples et corrections.

Il ne s'agit pas de faire ici un cours de MAPLE, ni un manuel d'instruction sur l'utilisation de MAPLE sur telle ou telle plate-forme (PC, Macintosh, TX…). Le lecteur de cette partie est supposé connaître l'utilisation de base de MAPLE sur l'ordinateur dont il dispose.

Pour tracer une courbe définie par des équations paramétriques, MAPLE utilise plot([f(t),g(t),t=a..b]) :

```
plot([sin(2*t),cos(5*t),t=0..2*Pi]);
```

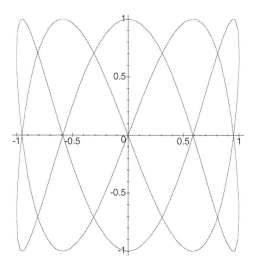

Pour voir comment la courbe est parcourue, quand le paramètre croit de a à b, on peut utiliser animatecurve (Maple V.5) :

```
[ > with(plots):
[ > animatecurve([sin(3*t),cos(5*t),t=0..2*Pi],
    numpoints=100,frames=50):
```

Sur cet exemple, le nombre de points de calcul est de 100, et 50 vues seront affichées successivement.

Rappelons que MAPLE peut calculer des dérivées, résoudre des systèmes d'équations (ici, recherche de points stationnaires) :

```
> t1:=diff(t^2*sin(3*t),t);
```
$$t1 := 2\,t\sin(3\,t) + 3\,t^2\cos(3\,t)$$
```
> t2:=diff(cos(5*t),t);
```
$$t2 := -5\sin(5\,t)$$
```
> solve({t1,t2},t);
```
$$\{t = 0\}$$

```
plot([t^2*sin(3*t),cos(5*t),t=-Pi/4..Pi
/4]);
```

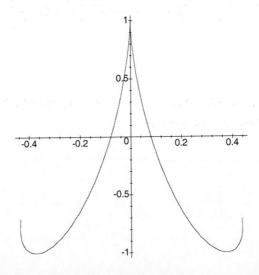

Pour faciliter une étude locale, on peut faire calculer des développements limités :

```
> taylor(t^2*sin(3*t),t=0,5);
```
$3\,t^3 + O(t^5)$
```
> taylor(cos(5*t),t=0,5);
```
$1 - \dfrac{25}{2}t^2 + \dfrac{625}{24}t^4 + O(t^5)$

Ici, p = 2 et q = 3, donc il s'agit d'un rebroussement de deuxième espèce.
On peut également étudier des branches infinies par un développement généralisé.

```
> f:=(t^2+t+1)/(t+2):g:=(2*t^2+t+2)/(t+
  5):
> limit(g/f,t=infinity);
```
2
```
> g-2*f;
```
$\dfrac{2\,t^2+t+2}{t+5} - 2\,\dfrac{t^2+t+1}{t+2}$
```
> series(",t=infinity);
```
$-7 + \dfrac{41}{t} - \dfrac{223}{t^2} + \dfrac{1151}{t^3} - \dfrac{5827}{t^4} + \dfrac{29279}{t^5} + O\!\left(\dfrac{1}{t^6}\right)$

On voit que la droite d'équation y = 2x − 7 est asymptote à la coube.
La figure est représentée ci-contre.

```
> C1:=plot([f,g,t=0..20],color=black):
> D2:=plot(2*x-7,x=0..20,color=black):
> display(C1,D2);
```

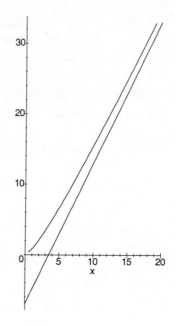

2 ✱ Pour Voir

Dans cette partie, on présente des exemples simples des notions ou résultats abordés dans la partie précédente. Ils sont suivis de questions très élémentaires pour vérifier votre compréhension.

2-1 Courbes définies par une représentation paramétrique

"On appelle courbe paramétrée l'ensemble des points :
$$M(t) = (x(t), y(t)),$$
lorsque t parcourt le domaine de définition. On dit que M(t) est le point de paramètre t".

exemple 1

L'ensemble des points définis par :
$$M(t) = (\cos(t), \sin(t)),$$
pour t dans l'intervalle $[0, 2\pi]$, est le cercle de centre $(0, 0)$ et de rayon 1 (cercle trigonométrique).
En effet, on voit bien que tout point $M(t)$ est à la distance 1 de l'origine :
$$\cos^2(t) + \sin^2(t) = 1,$$
et réciproquement pour tout point de ce cercle, il existe t tel que les coordonnées soient $(\cos(t), \sin(t))$.

exemple 2
(exercice à traiter)

Quelle est la courbe définie par :
$$M(t) = (t^2, t),$$
t étant un réel quelconque ?

réponse

C'est la parabole dont l'axe est l'axe des abscisses, réunion des graphes des fonctions ($x \geq 0$) :
$$x \mapsto \sqrt{x},$$
$$x \mapsto -\sqrt{x}.$$

> "Un cas particulier de cette situation est celui où $t = x$ et y est une fonction de x (graphe de fonction)."

exemple 3

Mais la représentation paramétrique permet d'étudier des courbes qui ne sont pas des graphes de fonction, comme on le voit sur l'exemple 2.

exemple 4
(exercice à traiter)

La courbe définie par :
$$M(t) = (\cos(t), \sin(t)),$$
pour $t \in [0, \pi]$, est-elle un graphe de fonction ?

réponse

Oui, effectivement, c'est le graphe de la fonction :
$$x \mapsto \sqrt{1-x^2},$$
sur l'intervalle $[-1, 1]$ (demi-cercle trigonométrique).

> *"Préciser le domaine de définition de chacune des deux fonctions de t, x et y. Le domaine de définition de la courbe sera l'intersection des domaines de définiton de x et de y."*

exemple 5

Le point $N(t) = \left(\dfrac{1}{t}, \sqrt{t}\right)$ n'est défini que si $t > 0$: $t \neq 0$ pour définir l'abscisse, et $t \geq 0$ pour définir l'ordonnée.

exemple 6
(exercice à traiter)

Déterminer le domaine de définition de la courbe définie par :

$$M(t) = \left(Log(t+1), \dfrac{1}{t^2 - t - 1}\right).$$

réponse

Pour l'abscisse, il faut $t + 1 > 0$, donc $t \in\ ]-1, +\infty[$, et pour l'ordonnée, il faut $t^2 - t - 1 \neq 0$, donc :

$$t \neq \dfrac{1 + \sqrt{5}}{2},\ t \neq \dfrac{1 - \sqrt{5}}{2}.$$

Le domaine de définition est donc :

$$\left]-1, \dfrac{1+\sqrt{5}}{2}\right[\cup \left]\dfrac{1+\sqrt{5}}{2}, +\infty\right[.$$

> *"Si les fonctions x et y sont périodiques, il suffit d'étudier la courbe sur un intervalle dont la longueur est la plus petite période commune à x et y."*

exemple 7

La courbe définie par :
$$M(t) = (\sin(6t), \cos(8t)),$$
a un domaine de définition qui est égal à $\mathbb{R}$, mais l'abscisse a pour plus petite période $\frac{2\pi}{6} = \frac{\pi}{3}$, et l'ordonnée a pour plus petite période $\frac{2\pi}{8} = \frac{\pi}{4}$.
Un multiple commun à $\frac{\pi}{3}$, et $\frac{\pi}{4}$, est π. C'est le plus petit multiple commun qui soit un multiple rationnel de π. La période à considérer est donc π. On pourra étudier cette courbe sur tout intervalle de longueur π.

exemple 8
(exercice à traiter)

Déterminer la période à considérer pour l'étude de la courbe définie par :
$$(\sin^2(t), \cos(4t)).$$

réponse

On sait que $\sin(t + \pi) = -\sin(t)$, donc π est la plus petite période pour l'abscisse. Par ailleurs, $\frac{\pi}{2}$ est la plus petite période pour l'ordonnée.
La plus petite période commune est donc π.

"*Si les fonctions x et y sont paires, ou impaires, on pourra réduire le domaine d'étude à t > 0, puis compléter le tracé de la courbe par une ou plusieurs symétries.*"

exemple 9

Pour la courbe donnée par :
$$M(t) = (\sin(2t), \sin^2(t)),$$
on voit que $x(-t) = -x(t)$, et $y(-t) = y(t)$, donc si un point (a, b) est sur la courbe, son symétrique par rapport à l'axe des ordonnées, $(-a, b)$, est également sur la courbe :

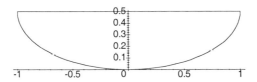

exemple 10
(exercice à traiter)

Quelle symétrie conserve la courbe donnée par les équations :
$$x(t) = \text{Log}(1 + t^2),$$
$$y(t) = t + t^3.$$

réponse

On vérifie que $x(-t) = x(t)$, et $y(-t) = -t - t^3 = -y(t)$.
La courbe est donc symétrique par rapport à l'axe des abscisses.

> *"On peut généraliser cet énoncé au cas où le domaine de définition est symétrique par rapport à un réel a, et où les fonctions t ↦ x(t + a), t ↦ y(t + a) ont des propriétés de parité."*

exemple 11

La courbe définie par les équations :
$$x(t) = \sin(t + 1),$$
$$y(t) = 1 + \cos(t^2 + 2t + 1),$$
vérifie les propriétés :
$$x(u - 1) = - x(- u - 1)$$
$$y(u - 1) = 1 + \cos(u^2) = y(-u - 1)$$
donc cette courbe est symétrique par rapport à l'axe des ordonnées :
Les points de paramètres $-1 - t$ et $-1 + t$ sont symétriques.

```
> plot([sin(t+1),1+cos(t^2+2*t+1),t=-2*
  Pi-1..2*Pi-1],colour=black);
```

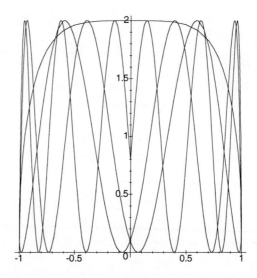

exemple 12
(exercice à traiter)

Chercher les éléments de symétrie de la courbe définie par :
$$x(t) = \cos^3(t) - 2\cos(t)$$
$$y(t) = \sin^3(t) - 2\sin(t).$$

réponse

La figure est la suivante :

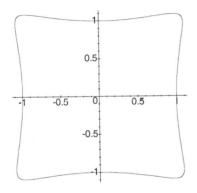

La fonction x étant paire, et y impaire, on voit que la courbe est symétrique par rapport à l'axe $y = 0$.

Les égalités :
$$x(t + \pi) = -x(t)$$
$$y(t + \pi) = -y(t)$$
montrent une symétrie par rapport à l'origine.

Les égalités :
$$x(\pi - t) = -x(t)$$
$$y(\pi - t) = y(t)$$
montrent une symétrie par rapport à l'axe $x = 0$.

Les égalités :
$$x\left(\frac{\pi}{2}-t\right) = y(t)$$
$$y\left(\frac{\pi}{2}-t\right) = x(t)$$
montrent une symétrie par rapport à la droite x = y.
Les égalités :
$$x\left(\frac{\pi}{2}+t\right) = -y(t)$$
$$y\left(\frac{\pi}{2}+t\right) = -x(t)$$
montrent une symétrie par rapport à la droite x = − y.
Bien entendu, ces diverses symétries ne sont pas indépendantes.

> *"Une première vue globale de (C) s'obtient à partir du tableau des variations simultanées de x(t) et y(t), élaboré le plus souvent à partir du calcul des dérivées x'(t) et y'(t) et de l'étude de leur signe sur différents intervalles."*

exemple 13

Pour la courbe d'équations :
$$x(t) = \mathrm{Log}(1 + t^2),$$
$$y(t) = t + t^3$$
on a les dérivées :
$$x'(t) = \frac{2t}{1+t^2}$$
$$y'(t) = 1 + 3t^2.$$
La fonction x est donc décroissante pour t < 0, puis croissante, et la fonction y est croissante.

On peut tracer une première vue de cette courbe à partir de ces éléments, en notant par ailleurs que pour t = 0, le point est l'origine :

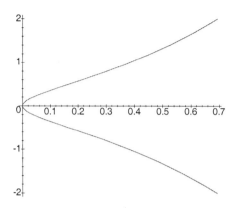

exemple 14
(exercice à traiter)

Etudier les variations des fonctions x(t) et y(t), et tracer l'allure générale de la courbe :

$$x(t) = \frac{t}{1+t^2}, \; y(t) = \frac{t^2}{1+t^2}.$$

réponse

Ces deux fonctions sont définies pour toute valeur de t.

La fonction x(t) est impaire, et y(t) paire, donc il suffit d'étudier la courbe pour t positif, et de compléter la figure obtenue par symétrie par rapport à l'axe des ordonnées. Les dérivées sont :

$$x'(t) = \frac{1-t^2}{\left(1+t^2\right)^2}, \; y'(t) = \frac{2t}{\left(1+t^2\right)^2}.$$

Sur $[0, +\infty[$, $y(t)$ est donc croissante, tandis que $x(t)$ croit sur $[0, 1]$, et décroit sur $[1, +\infty[$.

La courbe, compte tenu de ces informations, a l'allure suivante :

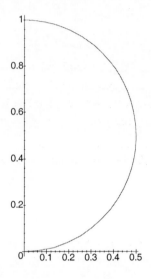

"On détermine également, le cas échéant, le résultat de l'étude des limites de x(t) et y(t) pour t tendant vers l'infini, ou vers une limite finie."

exemple 15

Dans l'exemple 14, lorsque t tend vers l'infini, $x(t)$ tend vers 0, et $y(t)$ tend vers 1.

exemple 16
(exercice à traiter)

Quelles sont les limites pour l'exemple 13 ?

réponse

Les équations étant :
$$x(t) = \text{Log}(1 + t^2),$$
$$y(t) = t + t^3,$$
on voit que pour t tendant vers $+\infty$, $x(t)$ et $y(t)$ tendent vers $+\infty$, et que pour t tendant vers $-\infty$, $x(t)$ tend vers $+\infty$ et $y(t)$ vers $-\infty$.

> *"On peut, à ce stade de l'étude, tracer une première esquisse de (C)."*

exemple 17

Esquisse de la courbe de l'exemple 14 :

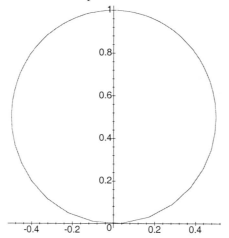

On peut vérifier que c'est bien un cercle, privé du point (0, 1).

exemple 18
(exercice à traiter)

Tracer une esquisse de la courbe d'équations :
$$x(t) = \sin(2t) + \sin(t), \quad y(t) = \cos(2t) - \cos(t).$$

réponse

Les équations sont définies pour tout t.

Ce sont des fonctions périodiques de période 2π.

Comme $x(t)$ est impaire, et $y(t)$ paire, la courbe présente une symétrie par rapport à l'axe des ordonnées, et il suffit de l'étudier pour t positif.

L'intervalle d'étude est $[0, \pi]$.

Les dérivées sont :
$$x'(t) = 2\cos(2t) + \cos(t),$$
$$y'(t) = -2\sin(2t) + \sin(t).$$

Pour étudier leur signe, on peut essayer de les factoriser :
$$2\cos(2t) + \cos(t) = 4\cos^2(t) + \cos(t) - 2,$$
et le polynôme $4X^2 + X - 2$ a pour discriminant 33. Il a donc deux racines, dont les valeurs sont :
$$\frac{-1+\sqrt{33}}{8}, \frac{-1-\sqrt{33}}{8},$$
et qui sont toutes deux comprises entre -1 et 1. Il existe donc deux valeurs de t, soient α, et β, qui annulent la dérivée. Entre ces valeurs, la dérivée est négative, à l'extérieur elle est positive.

Pour $y'(t)$:
$$-2\sin(2t) + \sin(t) = -4\sin(t)\cos(t) + \sin(t)$$
$$= \sin(t)(1 - 4\cos(t)).$$

Ici, $\sin(t)$ est positif, $y'(t)$ s'annule en 0, π, et pour une seule valeur entre 0 et π, soit γ, avec $\cos(\gamma) = 0{,}25$.

On note que :
$$\alpha < \gamma < \beta.$$
Le tableau de variations est le suivant :

t	0		α		β		γ		π
x'(t)		+	0	−		−	0	+	
x(t)		↗		↘		↘		↗	
y(t)		↘		↘		↗		↗	
y'(t)		−		−	0	+		+	

On obtient l'allure suivante pour la figure :

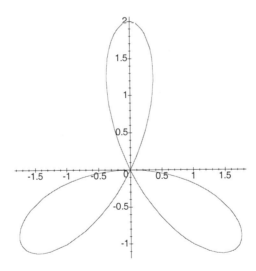

On peut souhaiter préciser les tangentes, en particulier à l'origine.

> *"Si $(x'(t_0), y'(t_0)) \neq (0, 0)$, le vecteur tangent en $M(t_0)$ est le vecteur dérivé $(x'(t_0), y'(t_0))$. On dit que le point est ordinaire."*

exemple 19

Dans l'exemple précédent, l'origine est atteinte pour $t = 0$, et $t = \dfrac{2\pi}{3}$.

Pour $t = 0$:
$$x'(0) = 3,\ y'(0) = 0,$$
la tangente est donc la droite $y = 0$, c'est-à-dire l'axe des abscisses.

Pour $t = \dfrac{2\pi}{3}$:
$$x'\left(\frac{2\pi}{3}\right) = -\frac{3}{2},\ y'\left(\frac{2\pi}{3}\right) = \frac{3\sqrt{3}}{2},$$
la tangente est donc dirigée par le vecteur $\left(-1,\ \sqrt{3}\right)$.

Dans les deux cas, $(0, 0)$ est un point ordinaire.

exemple 20
(exercice à traiter)

Chercher un vecteur tangent en $(0, 0)$ dans l'exemple 13.

réponse

L'origine est atteinte pour $t = 0$. Les dérivées valent alors :
$$x'(0) = 0$$
$$y'(0) = 1.$$
Le vecteur $(0, 1)$ est tangent, donc la tangente est la droite d'équation $x = 0$ c'est-à-dire l'axe des ordonnées.

"Si $(x'(t_0), y'(t_0)) = (0, 0)$, on dit que le point est stationnaire. Le vecteur tangent est le premier vecteur dérivé non nul."

exemple 21

La courbe d'équations :
$$x(t) = \cos(4t) - 4\cos(t)$$
$$y(t) = \sin(4t) + 4\sin(t)$$
a cinq points stationnaires.

En effet, l'intervalle d'étude est $[0, \pi]$, et les dérivées :
$$x'(t) = -4\sin(4t) + 4\sin(t),$$
$$y'(t) = 4\cos(4t) + 4\cos(t),$$
s'annulent simultanément pour $t = \pi$, et deux valeurs de t entre 0 et π :

```
> a:=sin(t)-sin(4*t):b:=cos(t)+cos(4*t)
  :
> expand(a);
```
$\sin(t) - 8\sin(t)\cos(t)^3 + 4\sin(t)\cos(t)$
```
> factor(");
```
$-\sin(t)(2\cos(t)+1)(4\cos(t)^2 - 2\cos(t) - 1)$
```
> expand(b);
```
$\cos(t) + 8\cos(t)^4 - 8\cos(t)^2 + 1$
```
> factor(");
```
$(2\cos(t) - 1)(\cos(t) + 1)(4\cos(t)^2 - 2\cos(t) - 1)$

On voit que les dérivées ont un facteur en commun :
$$4\cos^2(t) - 2\cos(t) - 1,$$
qui s'annule pour :
$$\cos(t) = \frac{1 + \sqrt{5}}{4}, \text{ ou } \cos(t) = \frac{1 - \sqrt{5}}{4}.$$

(Ces valeurs correspondent à $\frac{\pi}{5}$, et $\frac{3\pi}{5}$).

La figure est la suivante :

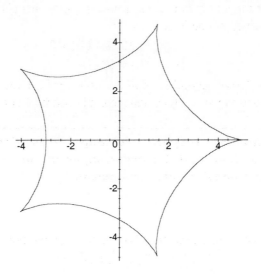

---

exemple 22
(exercice à traiter)

Chercher les points stationnaires de la courbe d'équations :
$$x(t) = t^2 (t - 1)^2, \quad y(t) = t^2 (t^2 - 1).$$
Déterminer en chaque point le vecteur tangent.

---

réponse

Les dérivées sont :
$$x'(t) = 4 t^3 - 6 t^2 + 2 t$$
$$y'(t) = 4 t^3 - 2 t.$$
Elles s'annulent simultanément pour $t = 0$.

Si t ≠ 0, y'(t) s'annule pour $t = \frac{1}{\sqrt{2}}$, ou $t = \frac{-1}{\sqrt{2}}$, valeurs qui n'annulent pas x't). Le seul point stationnaire est l'origine.

Le vecteur tangent s'obtient en dérivant x et y jusqu'à ce qu'un vecteur dérivé soit différent de 0, pour t = 0 :
$$x''(t) = 12 t^2 - 12 t + 2,$$
$$y''(t) = 12 t^2 - 2.$$
Le vecteur dérivé second est non nul pour t = 0, il vaut (2, – 2), donc la droite d'équation y + x = 0 est tangente à la courbe à l'origine.

> *"La position par rapport à la tangente est déterminée par le premier vecteur dérivé d'ordre supérieur au vecteur tangent, non proportionnel au vecteur tangent. "*

exemple 23

Dans l'exemple précédent, cherchons la position par rapport à la tangente :
$$x'''(t) = 24 t - 12$$
$$y'''(t) = 24 t,$$
donc le vecteur dérivé troisième vaut, en 0, (–12, 0). Il n'est pas colinéaire au vecteur tangent. La courbe considérée présente donc à l'origine un point de rebroussement de première espèce.

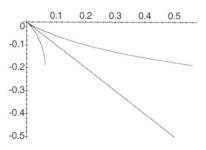

exemple 24
(exercice à traiter)

Chercher la tangente, et la nature du point, pour un des points stationnaires de l'exemple 21.

réponse

Un point est facile à traiter, par symétrie, celui atteint pour $t = \pi$:
$$x(\pi) = 5, \ y(\pi) = 0, \ x'(\pi) = y'(\pi) = 0,$$
$$x''(t) = -16\cos(4t) + 4\cos(t), \ y''(t) = -16\sin(4t) - 4\sin(t),$$
$$x''(\pi) = -20, \ y''(\pi) = 0,$$
donc l'axe des abscisses est la tangente, et par symétrie le point considéré est un rebroussement de première espèce.

"Si l'une des deux coordonnées seulement tend vers l'infini, on obtient une asymptote parallèle à l'un des axes."

---

exemple 25

La courbe d'équations :
$$x(t) = \frac{t^2 - 1}{t^2 + 2}, \ y(t) = \frac{t^4 + 1}{t^3},$$
admet pour asymptotes les droites :

$x = 1$, si t tend vers l'infini, et $x = -0{,}5$, si t tend vers 0.

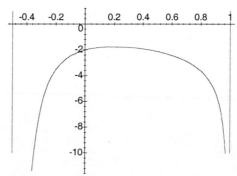

exemple 26
(exercice à traiter)

Chercher les asymptotes parallèles à un des axes de coordonnées pour la courbe d'équations :
$$x(t) = \frac{t^2+1}{t^2-2}, \; y(t) = \frac{t^3+1}{t^2+1}.$$

réponse

L'une des coordonnées au moins tend vers l'infini dans les cas suivants :

$$t \longrightarrow +\infty, \; x \longrightarrow 1, \; y \longrightarrow +\infty$$
$$t \longrightarrow -\infty, \; x \longrightarrow 1, \; y \longrightarrow -\infty$$
$$t \longrightarrow \sqrt{2}, \; t > \sqrt{2}, \; x \longrightarrow +\infty, \; y \longrightarrow \frac{2\sqrt{2}}{3}$$
$$t \longrightarrow \sqrt{2}, \; t < \sqrt{2}, \; x \longrightarrow -\infty, \; y \longrightarrow \frac{2\sqrt{2}}{3}$$

et de même si t tend vers $-\sqrt{2}$.

Cette courbe admet donc trois asymptotes d'équations :
$$x = 1, \; y = \frac{2\sqrt{2}}{3}, \; y = -\frac{2\sqrt{2}}{3}.$$

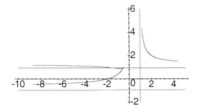

"*Si les deux coordonnées tendent vers l'infini, on étudie si la direction de la droite OM(t) a une limite, en regardant si le rapport y(t)/x(t) a une limite. Si c'est le cas, soit m cette limite, on étudie alors y(t) - m x(t).*"

exemple 27

Dans l'exemple 16 :
$$x(t) = \text{Log}(1 + t^2),$$
$$y(t) = t + t^3,$$
le rapport tend vers l'infini, d'après les propriétés de comparaison entre les puissances et les logarithmes. Il n'y a donc pas d'asymptote oblique.

Dans ce cas il y a une branche parabolique dans la direction des ordonnées.

exemple 28
(exercice à traiter)

Etudier l'existence d'une asymptote pour la courbe d'équations :
$$x(t) = \frac{t+2}{t^2-1}, \quad y(t) = \frac{t+1}{t^2-3t+2}.$$

réponse

Une des coordonnées au moins tend vers l'infini dans les cas suivants :
$$t \longrightarrow -1, \; x \longrightarrow \infty, \; y \longrightarrow 0$$
$$t \longrightarrow 1, \; x \longrightarrow \infty, \; y \longrightarrow \infty$$
$$t \longrightarrow 2, \; x \longrightarrow 4/3, \; y \longrightarrow \infty.$$

On voit donc qu'il y a deux asymptotes parallèles à un des axes :
$$y = 0, \; x = 4/3.$$

Pour t tendant vers 1, formons le quotient :
$$\frac{y(t)}{x(t)} = \frac{(t-1)(t+1)^2}{(t-1)(t-2)(t+2)} = \frac{(t+1)^2}{(t-2)(t+2)}$$

Pour voir

Ce quotient tend vers $-\dfrac{4}{3}$ quand t tend vers 1.

Formons alors l'expression :

```
> x:=(t+2)/(-1+t^2);y:=(t+1)/(t^2-3*t+2
  );
```
$$x := \dfrac{t+2}{-1+t^2}$$
$$y := \dfrac{t+1}{t^2-3t+2}$$
```
> normal(y+4/3*x);
```
$$\dfrac{1}{3}\dfrac{7t+13}{(t+1)(t-2)}$$
```
> limit(",t=1);
```
$$\dfrac{-10}{3}$$

Cette courbe admet donc une asymptote oblique d'équation :
$$y+\dfrac{4}{3}x+\dfrac{10}{3}=0.$$

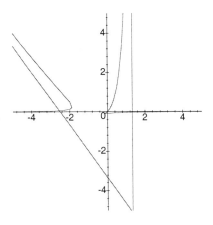

> *"La position de la courbe par rapport à une asymptote d'équation y = mx + r, s'étudiera par le signe de l'expression y(t) − mx(t) − r."*

exemple 29

Dans l'exemple précédent, pour t tendant vers 1, l'expression s'écrit :

$$y + \frac{4}{3}x + \frac{10}{3} = \frac{7t+13}{3(t+1)(t-2)} + \frac{10}{3}$$

$$= \frac{7t+13+10(t+1)(t-2)}{3(t+1)(t-2)}$$

$$= \frac{(10t+7)(t-1)}{3(t+1)(t-2)}.$$

Elle est donc du signe opposé à celui de t − 1, puisqu'au voisinage de 1, 10t + 7 et t + 1 sont positifs et t − 2 négatif.

La courbe est donc au-dessous de son asymptote si t > 1, et au-dessus si t < 1.

exemple 30
(exercice à traiter)

La courbe suivante :

$$x(t) = \frac{t+2}{t-3}, \ y(t) = \frac{t+3}{t-3},$$

a une asymptote oblique. Donner son équation et la position de la courbe par rapport à l'asymptote.

réponse

On voit facilement que x et y tendent vers l'infini si t tend vers 3. Le quotient :

$$\frac{y(t)}{x(t)} = \frac{t+3}{t+2}$$

tend vers $\dfrac{6}{5}$, et l'expression :
$$y(t) - \frac{6}{5}x(t) = \frac{t+3}{t-3} - \frac{6}{5} \times \frac{t+2}{t-3} = \frac{-t+3}{5(t-3)} = -\frac{1}{5}$$
est constante.

On voit ici que la courbe étudiée est contenue dans une droite.

Seul le point (1, 1) de la droite ne fait pas partie de la courbe.

2-2 Coniques

"Soit Δ une droite, et F un point n'appartenant pas à Δ. Soit e un réel strictement positif. On appelle conique de foyer F, de directrice Δ, d'excentricité e, l'ensemble des points M du plan vérifiant la relation : $d(M,F) = e\, d(M,\Delta)$."

exemple 31

Dans un plan rapporté à un système d'axes orthonormés Oxy, soit Δ la droite d'équation $y = x$, et F le point $(1, -1)$. L'ensemble des points équidistants de F et Δ est la conique d'équation :
$$(x-1)^2 + (y+1)^2 = \frac{(y-x)^2}{2}.$$
Après réduction de cette égalité, on trouve :
$$(x+y)^2 - 4x + 4y + 4 = 0.$$
C'est l'équation d'une parabole ($e = 1$).

exemple 32
(exercice à traiter)

Ecrire l'équation de l'ellipse d'excentricité 0,5 ayant le même foyer et la même directrice.

réponse

On écrit :
$$(x-1)^2 + (y+1)^2 = 0{,}25 \, \frac{(y-x)^2}{2}.$$

Après réduction, on obtient :
$$7x^2 + 7y^2 + 2xy - 16x + 16y + 16 = 0.$$

> *"Soit H la projection de F sur Δ. On rapporte le plan à un repère orthonormé d'axes HF, et Δ. On note q la distance de H à F, qui est ici l'abscisse de F. Avec ces choix, l'équation de la conique est $x^2(1 - e^2) + y^2 - 2qx + q^2 = 0$."*

exemple 33

Dans ce repère (où les coordonnées sont notées X, Y) la parabole de l'exemple 31 a pour équation $Y^2 - 2\sqrt{2}X + 2 = 0$.

En effet, O est la projection du foyer F sur la directrice, et OF = $\sqrt{2}$.

exemple 34
(exercice à traiter)

Ecrire de même l'équation de l'ellipse dans ce repère particulier.

réponse

Le même calcul donne :
$$\frac{3}{4}X^2 + Y^2 - 2\sqrt{2}X + 2 = 0.$$

> *"Dans le cas de l'ellipse ou de l'hyperbole, la figure obtenue admet un second axe de symétrie, parallèle à Δ, c'est la droite D d'équation :* $x = \dfrac{q}{1-e^2}$*."*

exemple 35

L'hyperbole H de foyer (1,0), de directrice Oy, et d'excentricité 2 a pour équation :
$$x^2(1-4) + y^2 - 2x + 1 = 0,$$
$$-3x^2 + y^2 - 2x + 1 = 0.$$

On vérifie que la droite D d'équation $x = -\dfrac{1}{3}$ est bien un axe de symétrie pour cette courbe. Soit (x, y) un point de H. Son symétrique par rapport à D est le point $\left(-x - \dfrac{2}{3}, y\right)$. Si on substitue ces coordonnées dans l'équation de H, on obtient :

$$-3\left(-x - \frac{2}{3}\right)^2 + y^2 - 2\left(-x - \frac{2}{3}\right) + 1 = -3x^2 - 4x - \frac{4}{3} + y^2 + 2x + \frac{4}{3} + 1$$
$$= 0.$$

exemple 36
(exercice à traiter)

Ecrire l'équation du second axe de symétrie de l'ellipse de l'exemple 34, d'abord dans le repère (X, Y) puis dans le repère (x, y).

réponse

Ici, $e = 0{,}5$ et $q = \sqrt{2}$, donc le second axe de symétrie a pour équation :
$$X = \frac{\sqrt{2}}{1 - 0{,}25} = \frac{4\sqrt{2}}{3}.$$

Le changement de repère s'écrit :

$$\begin{pmatrix} X \\ Y \end{pmatrix} = \begin{pmatrix} \dfrac{\sqrt{2}}{2} & -\dfrac{\sqrt{2}}{2} \\ \dfrac{\sqrt{2}}{2} & \dfrac{\sqrt{2}}{2} \end{pmatrix} \begin{pmatrix} x \\ y \end{pmatrix}$$

donc l'équation de cet axe de symétrie est, dans le repère (x, y) :

$$\frac{\sqrt{2}}{2} x - \frac{\sqrt{2}}{2} y = \frac{4\sqrt{2}}{3},$$

$$x - y = \frac{8}{3}.$$

"Le point d'intersection des deux axes de symétrie, est un centre de symétrie pour la courbe. On l'appelle le centre de la conique."

---

exemple 37

Le centre de l'ellipse de l'exemple précédent est l'intersection des droites :

$$y = -x, \text{ et } x - y = \frac{8}{3}.$$

C'est donc le point :

$$\left(\frac{4}{3}, -\frac{4}{3} \right).$$

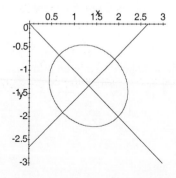

exemple 38
(exercice à traiter)

Chercher le centre de l'hyperbole de l'exemple 35.

réponse

Ici la réponse est plus rapide, puisque Ox est l'un des axes de symétrie : le centre est le point $\left(-\dfrac{1}{3}, 0\right)$.

"L'équation d'une conique à centre (ellipse, hyperbole) dans un système orthonormé d'axes D et HF est :
$$X^2 \frac{(e^2-1)^2}{q^2 e^2} - Y^2 \frac{(e^2-1)}{q^2 e^2} = 1."$$

---

exemple 39

Pour l'hyperbole de l'exemple précédent, on obtient directement, par une translation des axes :
$$X = x + \frac{1}{3}, \; Y = y.$$

D'où l'équation :
$$-3\left(X - \frac{1}{3}\right)^2 + Y^2 - 2\left(X - \frac{1}{3}\right) + 1 = 0,$$
$$-3X^2 + Y^2 + \frac{4}{3} = 0,$$
$$\frac{9}{4} X^2 - \frac{3}{4} Y^2 = 1.$$

On retrouve cette équation avec la formule générale, pour e = 2, q = 1.

exemple 40
(exercice à traiter)

Ecrire l'équation "réduite" de l'ellipse étudiée précédemment.

réponse

On a déjà vu l'équation de l'ellipse rapportée à son axe et à la directrice :
$$\frac{3}{4}X^2 + Y^2 - 2\sqrt{2}X + 2 = 0.$$

Les coordonnées du centre sont :
$$\left(4\frac{\sqrt{2}}{3},\ 0\right).$$

Il reste à effectuer une translation :
$$X' = X - 4\frac{\sqrt{2}}{3},\ Y' = Y.$$

On obtient, comme le donne la formule générale :
$$\frac{9}{8}X'^2 + \frac{3}{2}Y'^2 = 1.$$

"**On note a le réel positif** $\dfrac{pe}{|1-e^2|}$, **c'est la distance entre le centre O et l'un des points S et S' situés sur l'axe des abscisses (sommets), et b le réel positif** $\dfrac{qe}{\sqrt{|1-e^2|}}$."

---

exemple 41

Pour l'ellipse, on obtient les longueurs des demi-axes :
$$a = \frac{2\sqrt{2}}{3},\ b = \sqrt{\frac{2}{3}}.$$

exemple 42
(exercice à traiter)

Calculer les paramètres a et b pour l'hyperbole.

réponse

$$a = \frac{2}{3}, \; b = \frac{2}{\sqrt{3}}.$$

"**Soit c la distance entre le centre de symétrie et F (distance focale). On vérifie facilement que pour une ellipse c2 + b2 = a2, $c = \frac{qe^2}{1-e^2}$, et pour une hyperbole : c2 = a2 + b2, $c = \frac{qe^2}{e^2-1}$.**"

---

exemple 43

Pour l'hyperbole, le centre de symétrie est le point de coordonnées :

$$(x, y) = \left(-\frac{1}{3}, 0\right).$$

Le foyer F a pour coordonnées, dans le même repère, (1, 0), d'où la valeur de la distance focale :

$$c = \frac{4}{3}.$$

On vérifie bien les formules ci-dessus :

$$\frac{16}{9} = \frac{4}{9} + \frac{4}{3},$$

$$\frac{4}{3} = \frac{2^2}{2^2 - 1}.$$

exemple 44
(exercice à traiter)

Faire les mêmes calculs pour l'ellipse.

réponse

Ici le centre de symétrie a pour coordonnées, dans le repère (x, y) :
$$\left(\frac{4}{3}, -\frac{4}{3}\right).$$

Le foyer F a pour coordonnées :
$$(1, -1),$$
d'où la distance focale :
$$c = \sqrt{\left(\frac{4}{3}-1\right)^2 + \left(-\frac{4}{3}+1\right)^2} = \frac{\sqrt{2}}{3}.$$

On vérifie les formules générales :
$$\frac{2}{9} + \frac{2}{3} = \frac{8}{9}, \quad \frac{\sqrt{2}}{3} = \frac{\sqrt{2}\left(\frac{1}{2}\right)^2}{1-\left(\frac{1}{2}\right)^2}.$$

"Construction de points : parabole, ellipse, hyperbole."

exemple 45

Dans la figure ci-contre, le point M est bien un point de la parabole de foyer F et de directrice Δ, car on a les égalités de longueurs suivantes :
$$MR = MF$$
car M est sur la médiatrice de FR,
$$MR = d(M, \Delta)$$
car MR est perpendiculaire à Δ, et R appartient à Δ.

Pour voir

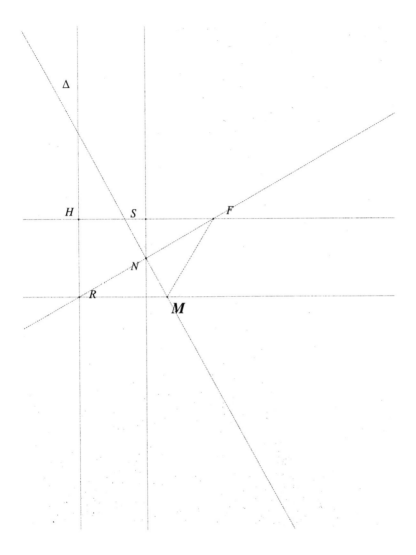

exemple 46
(exercice à traiter)

A partir de la figure ci-dessous, justifier la construction d'un point M de l'ellipse de foyers F et F', de sommet S.

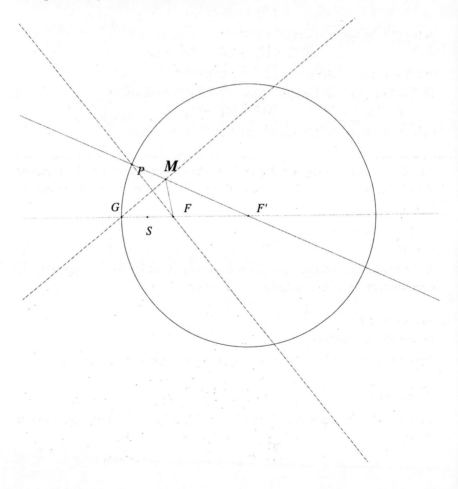

réponse

On a les égalités de longueurs :
$$MP = MF$$
puisque M appartient à la médiatrice de PF :
$$MP + MF' = F'G$$
puisque P est sur le cercle directeur :
$$F'G = F'S + SG = SF' + SF$$
puisque G est le symétrique de F par rapport à S.
Or S est un point de l'ellipse, donc $SF' + SF = 2a$, donc :
$$MF + MF' = 2a,$$
et M est bien sur l'ellipse de foyers F et F', et de sommet S.

"Soit C une conique, de foyer F et de directrice Δ, et M un point de C. La tangente T à C en M est déterminée de la manière suivante..."

exemple 47

Sur la figure précédente, on voit bien que la médiatrice de F'P, qui sert à la construction de M, est tangente à l'ellipse en M.

exemple 48
(exercice à traiter)

Repérer la tangente à la parabole dans la figure tracée plus haut.

réponse

On voit que c'est également la médiatrice (de FR) servant à la construction de M.

2-3 Réseaux du plan

> *"On appelle réseau engendré par a, b, l'ensemble $\mathbb{Z}\,a + \mathbb{Z}\,b$ des combinaisons linéaires des vecteurs a, b, à coefficients entiers relatifs."*

exemple 49

Choisissons $a = (1, 0)$, $b = (0, 1)$. Le réseau $R_{a,b}$ n'est rien d'autre que l'ensemble de tous les points du plan à coordonnées entières.

exemple 50
(exercice à traiter)

Choisissons $a = (1, 3)$, $b = (-2, 5)$. Dessiner l'aspect du réseau autour de l'origine. Le point $c = (7, 9)$ appartient-il à ce réseau ?

réponse

Pour voir si c appartient au réseau, il faut voir s'il existe des entiers m et n vérifiant les équations :
$$m - 2n = 7, \quad 3m + 5n = 9.$$
Par combinaison, on obtient :
$$11n = -12$$
donc n ne peut pas être entier. Le point c n'appartient pas au réseau.

L'aspect du réseau :

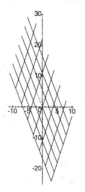

"$R_{a,b}$ est un sous-groupe de ($\mathbb{R}^2$, +)."

exemple 51

On vérifie facilement que dans le réseau précédent la somme de deux vecteurs du réseau est encore un vecteur du réseau :
$$(-1, 8) + (3, -2) = (2, 6)$$
$$(a + b) + (a - b) = 2a.$$

exemple 52
(exercice à traiter)

Vérifier que les vecteurs suivants sont bien des éléments du réseau, ainsi que leur différence :
$$v = (0, 11), w = (11, 0).$$

réponse

Pour v, il faut résoudre le système, dont les inconnues sont des entiers :
$$m - 2n = 0$$
$$3m + 5n = 11.$$
On trouve m = 2, n = 1. Donc v = 2.a + b.
Pour w, il faut résoudre :
$$m - 2n = 11$$
$$3m + 5n = 0.$$
On trouve m = 5, n = –3. Donc w = 5.a –3.b.
La différence est le vecteur :
$$u = (-11, 11).$$
Bien entendu, u est un élément du réseau :
$$u = -3.a + 4.b.$$

"Le vecteur (a, b) n'est pas déterminé de manière unique par le réseau $R_{a,b}$.

exemple 53

Soient a = (1, 0), b = (0, 1), et a' = (1, 1), b' = (1, 2).
Les réseaux qu'ils définissent ont les représentations suivantes :

$R_{a,b}$

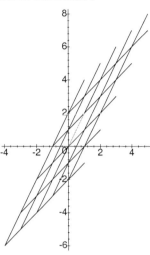

$R_{a',b'}$

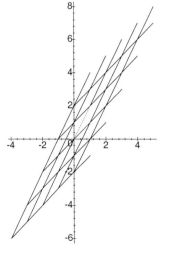

Ces réseaux sont identiques.

En effet, le premier est formé de tous les vecteurs à composantes entières, donc le second est un sous-ensemble du premier. Réciproquement, un vecteur à composantes entières, soit (m, n), est combinaison des vecteurs a' et b' :

$$m = p + q$$
$$n = p + 2q$$

a pour solution :

$$q = n - m,$$
$$p = 2m - n.$$

En retenir, en particulier, que la représentation adoptée peut être trompeuse !

exemple 54
(exercice à traiter)

Revenir à l'exemple 50, et trouver des vecteurs c et d distincts de a et b, qui engendrent le même réseau.

réponse

Par imitation de l'exemple précédent, on peut proposer :

$$c = (-1, 8),$$
$$d = (-1, 13),$$
$$c = a + b, d = a + 2b.$$

On voit facilement que tout vecteur de $R_{a,b}$ appartient à $R_{c,d}$ (l'inverse est évident par définition) :

$$m - 2n = -p - 3q,$$
$$3m + 5n = 8p + 13q$$

a pour solution :

$$q = n - m,$$
$$p = 2m - n.$$

Pour voir

> "*Soit $R_{a,b}$ un réseau de $\mathbb{R}^2$. Soit r un réel strictement positif. Le disque fermé de centre O et de rayon r contient un nombre fini de nœuds du réseau.*"

exemple 55

Le disque fermé de rayon 1 centré à l'origine contient 5 nœuds du réseau de l'exemple 49.

exemple 56
(exercice à traiter)

Combien le disque fermé centré à l'origine et de rayon 3 contient-il de nœuds du réseau de l'exemple 50 ?

réponse

La figure est la suivante :

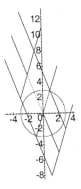

On compte 1 nœud, l'origine.
Par le calcul, il faut résoudre l'inéquation :
$$(m - 2n)^2 + (3m + 5n)^2 \leq 9.$$
Par symétrie, on peut se placer dans deux cas :
$$m \geq 0, n \geq 0, \text{ et } m < 0, n \geq 0.$$

Dans le premier cas, il est clair que la seule solution est :
$$m = n = 0.$$
Dans le deuxième cas, n = 0 ne donne aucune solution.
Il reste donc m < 0, n > 0.
On observe que :
$$(m - 2n)^2 \leq (m - 2n)^2 + (3m + 5n)^2,$$
et, compte tenu des signes, $(m - 2n)^2 = (|m| + 2|n|)^2 \geq (1 + 2)^2 = 9$.
Une solution doit donc vérifier 3m + 5n = 0, ce qui est impossible, puisque m et n sont des entiers non nuls.

"En particulier il n'est pas suffisant que deux vecteurs d'un réseau soient linéairement indépendants pour constituer une $\mathbb{Z}$-base d'un réseau de $\mathbb{R}^2$"

---

exemple 57

Dans le réseau défini par a = (1, 3), b = (–1, 2), si on note a' = (0, 5), et b' = (2, 1), on voit que les réseaux $R_{a,b}$ et $R_{a',b'}$ ne sont pas égaux :

$R_{a,b}$:

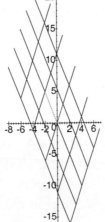

Pour voir

$R_{a',b'}$: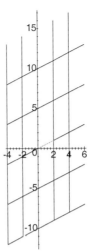

On voit par exemple que a n'appartient pas à $R_{a',b'}$:
$$a' + b' = 2a.$$

---

exemple 58
(exercice à traiter)

Soit $u = (-1, 2)$, $v = (2, 1)$, et $u' = u + v$, $v' = u - v$.

Compter le nombre de nœuds des réseaux $R_{u,v}$ et $R_{u',v'}$ respectivement contenus dans le disque centré à l'origine de rayon 2. Déduire que ces réseaux ne sont pas égaux.

 # réponse

Sur les figures suivantes, on trouve 5 nœuds pour le premier et 1 nœud pour le second.

Il en résulte que ces réseaux sont différents. On peut voir par exemple que u n'appartient pas au sous-réseau $R_{u',v'}$ de $R_{u,v}$.

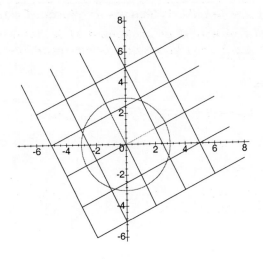

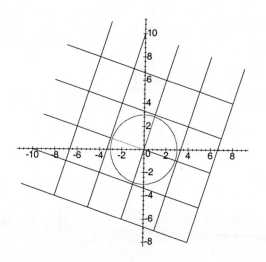

> "Soit (e_1, e_2) une famille d'éléments du réseau. Cette famille est une $\mathbb{Z}$-base du réseau si et seulement si le déterminant de la matrice de (e_1, e_2) dans la base (a, b) est inversible dans $\mathbb{Z}$."

exemple 59

Voir l'exemple 54. Le déterminant de (c, d) sur la base (a, b) vaut 1.

exemple 60
(exercice à traiter)

Revenir sur les exemples 57 et 58, et voir que les déterminants correspondants ne sont pas égaux à 1 ou -1.

réponse

Pour l'exemple 57 :
$\quad$ a = (1, 3), b = (-1, 2), a' = (0, 5), et b' = (2, 1),
$$\begin{vmatrix} 1 & 1 \\ 1 & -1 \end{vmatrix} = -2.$$
Pour l'exemple 58, u = (-1, 2), v = (2, 1), et u' = u + v, v' = u - v, et le déterminant est le même.

> "On appelle *rangée* d'un réseau un ensemble de nœuds appartenant à une même droite."

exemple 61

Soit R le réseau engendré par les vecteurs a = (-1, 2), b = (2, 1).
L'ensemble des nœuds situés sur l'axe des ordonnées, comme (0, 15) par exemple, est une rangée de R, la rangée notée R((0, 15)).

exemple 62
(exercice à traiter)

Pour le réseau précédent, la droite d'équation $y = 7x$ détermine-t-elle une rangée ? Généraliser à une droite d'équation $\alpha y = \beta x$, α et β étant des entiers non tous deux nuls.

réponse

Il suffit de chercher s'il existe un noeud, autre que l'origine, dont les coordonnées vérifient cette équation.

Cela revient à résoudre l'équation diophantienne :
$$2p + q = -7p + 14q,$$
$$9p = 13q.$$

On peut prendre $p = 13$, $q = 9$, donc cette droite est la rangée défnie par le noeud :
$$(5, 35).$$

Plus généralement, pour chercher s'il existe une rangée définie par la droite d'équation $\alpha y = \beta x$, il faut résoudre l'équation diophantienne :
$$\alpha(2p + q) = \beta(-p + 2q)$$
$$(2\alpha + \beta)p = (2\beta - \alpha)q$$

qui a pour solution, en particulier :
$$p = 2\beta - \alpha$$
$$q = 2\alpha + \beta$$

solution distincte de $(0, 0)$ puisque α et β ne sont pas tous deux égaux à 0.

Pour voir

> *"Si M a correspond au vecteur x (x = OM), les ensembles $\mathbb{Z}.x$ et R(x) coïncident si et seulement si les coordonnées du noeud M dans la base (a, b) sont des entiers premiers entre eux."*

exemple 63

Dans l'exemple 61-62, la rangée située sur la droite d'équation $y = 7x$ est égale à la rangée $\mathbb{Z}.(5, 15)$, en effet ce vecteur a pour coordonnées, dans la base (a, b) du réseau, $p = 13$, $q = 9$, entiers premiers entre eux.

exemple 64
(exercice à traiter)

La rangée $R((0, 15))$ de ce même réseau est-elle égale à $\mathbb{Z}.(0, 15)$?

réponse

Les noeuds de ce réseau situés sur l'axe des ordonnées ont pour coordonnées dans la base a, b des entiers p et q vérifiant :
$$-p + 2q = 0,$$
ils sont donc de la forme :
$$(0, 5q).$$
Il en résulte que :
$$R((0, 15)) = \mathbb{Z}.(0, 5) \neq \mathbb{Z}.(0, 15).$$
On a les égalités :
$$(0, 15) = 6a + 3b$$
$$(0, 5) = 2a + b.$$

> *"Etant donné un élément a' de R', indivisible dans R' (c'est-à-dire tel qu'il n'existe pas d'élément a" dans R' vérifiant a' = k.a", k étant un entier), il existe une $\mathbb{Z}$-base de R' contenant a'."*

exemple 65

Dans le réseau de l'exemple 62, le nœud $X = (5, 35)$ est indivisible.

Ses coordonnées sur la base (a, b) sont (13, 9). Comme 13 et 9 sont premiers entre eux, on sait (théorème de Bezout) qu'il existe des entiers u et v tels que :

$$13\,u + 9\,v = 1.$$

On peut les trouver à partir de l'algorithme d'Euclide. Ici, $(-2, 3)$ convient. Notons Y le nœud $-2\,a + 3\,b$. On voit que X et Y forment une base du réseau, puisque leur déterminant sur (a, b) vaut 1 (dans l'ordre (Y, X)), ou -1 (dans l'ordre (X, Y)).

exemple 66
(exercice à traiter)

Reprendre l'exemple 58. Chercher un vecteur u" formant une base du réseau avec u'.

réponse

Un tel vecteur s'écrit $u" = m\,u + n\,v$, avec :

$$m - n = 1.$$

On peut prendre $u" = u$, ou $u" = 2\,u + v$ …

> "Une maille d'un réseau $R_{a,b}$ est définie par une famille (u, v) de deux vecteurs non colinéaires de $R_{a,b}$: on désigne ainsi le parallèlogramme défini par ces vecteurs."

exemple 67

Maille du réseau de l'exemple 58 :

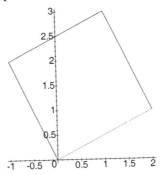

exemple 68
(exercice à traiter)

Représenter la maille du réseau de l'exemple 57.

réponse

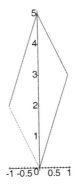

> *"On dit que G opère dans E s'il existe une application..."*

exemple 69

Le groupe formé des rotations de centre l'origine, et d'angle de la forme :

$$\theta = k\frac{\pi}{2}, \text{ (k entier relatif)},$$

opère dans le plan, puisque chaque rotation est une bijection du plan.

exemple 70
(exercice à traiter)

Soit G le groupe, à quatre éléments, {e, r, s, t}, dont l'élément neutre est e et dont la table est :

e	r	s	t
r	s	t	e
s	t	e	r
t	e	r	s

Définir, à l'aide de 69, une opération de G dans le plan.

réponse

La table montre que $s = r^2$, $t = r^3$ et $r^4 = e$. On peut donc associer à r la rotation de centre O, et d'angle $\frac{\pi}{2}$, et définir ainsi une opération du groupe "abstrait" G sur le plan.

> *"Soit M un élément de E, on appelle stabilisateur de M..."*

exemple 71

Ci-dessus, le stabilisateur de l'origine est G, le stabilisateur d'un point distinct de l'origine est {e}, e étant l'élément neutre. En effet, si une rotation laisse un point invariant (autre que le centre) c'est l'identité.

exemple 72
(exercice à traiter)

Dans un plan rapporté à un repère orthonormé, vérifier que l'ensemble de transformations formé des symétries par rapport aux axes de coordonnées, de la symétrie par rapport à l'origine, et de l'identité est un groupe.
Ce groupe opère sur l'ensemble des droites passant par l'origine.
Quel est le stabilisateur d'une droite particulière ?

réponse

Notons s (respectivement s') la symétrie (orthogonale) par rapport à l'axe des abscisses Ox (resp. l'axe des ordonnées Oy), et σ la symétrie centrale par rapport à l'origine O, enfin I l'application identique.

On vérifie sans difficulté que le sous-ensemble $\{s, s', \sigma, I\}$ est un sous-groupe du groupe des bijections de l'ensemble des droites passant par l'origine. La table est :

I	s	s'	σ
s	I	σ	s'
s'	σ	I	s
σ	s'	σ	I

Une droite distincte d'un des axes est laissée fixe par I et σ : son stabilisateur est $\{I, \sigma\}$. Un des axes est laissé fixe par toutes les transformations : son stabilisateur est $\{s, s', \sigma, I\}$.

> *"On appelle orbite de M sous l'action de G l'ensemble :*
> *O(M) = {g.M | g ∈ G}."*

exemple 73

Dans l'exemple précédent, soit D la droite d'équation y = x. Son orbite sous l'action du groupe {s, s', σ, I} est formée de ses symétriques par rapport à chaque axe, qui sont égales, de sa symétrique par rapport à l'origine, qui est égale à D, et enfin de D, soit une orbite formée de deux éléments.

exemple 74
(exercice à traiter)

Chercher l'orbite du point (–1, 2) sous l'action du groupe de l'exemple 68.

réponse

Ce groupe opère par des rotations successives d'un angle de $\frac{\pi}{2}$. On obtient donc 4 points à partir de M = (–1, 2) :

e.M = M, r.M = (–2, –1), s.M = (1, –2), t.M = (2, 1).

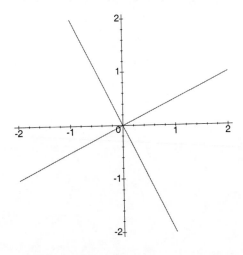

> *"Soit G un groupe opérant sur un ensemble E. Si G est fini, le nombre d'éléments de l'orbite d'un point M est égal à :*
> $$\frac{card(G)}{card(S(M))}."$$

exemple 75

Dans l'exemple précédent, l'orbite de M a 4 éléments, comme le groupe, et le stabilisateur a un seul élément.

exemple 76
(exercice à traiter)

Dans l'exemple 73, vérifier cette relation.

réponse

On constate, en effet que l'orbite d'une droite générale a deux éléments, le groupe en a 4 et le stabilisateur d'une telle droite en a 2 également.

On retiendra que l'orbite d'un élément est un diviseur du nombre d'éléments du groupe.

3 ❋ Pour Comprendre et Utiliser

3-1 Énoncés des exercices

> Savoir étudier, et représenter, une courbe paramétrée. Savoir étudier certaines constructions et propriétés géométriques liées à ces courbes.

NB : on pourra consulter, à propos des courbes, le site internet de l'auteur (liens, nom, histoire, définition géométrique…).

exercice 1

Courbes trochoidales.

Soient a, b, c des entiers relatifs, avec a et c strictement positifs, a + b > 0, b différent de 0.

On pose $q = \dfrac{a+b}{b}$.

On note C(a, b, c) la courbe définie par les équations :
$$x(t) = (a + b)\cos(t) - c \times \cos(qt)$$
$$y(t) = (a + b)\sin(t) - c \times \sin(qt).$$

Cette courbe est une **trochoïde** (épitrochoïde si b > 0, hypotrochoïde si b < 0).

☺ indications pour résoudre

1) Soit Γ le cercle de centre O, de rayon a. Supposons b positif. Soit Γ' un cercle mobile de rayon b et M un point situé sur un rayon de ce cercle, à la distance c de son centre N.

On suppose que pour t = 0, Γ' est tangent extérieurement à Γ, son centre sur l'axe des abscisses, d'abscisse positive, et que M est situé également sur l'axe des abscisses, du côté de O.

Dessiner cette figure, et démontrer que si le cercle Γ' roule sur le cercle Γ dans le sens positif, le point M décrit la trochoide C(a, b, c) (☺).

(Le cas b < 0 correspond à un cercle Γ' roulant à l'intérieur de Γ).

2) Montrer (☺) que C(a, b, c) est invariante par la rotation de centre O, et d'angle $\dfrac{2b\pi}{a}$, et en déduire l'intervalle d'étude de cette courbe.

3) Chercher l'expression de la distance de l'origine au point de paramètre t. Montrer que cette distance est minimale pour t = 0 (☺).

Quel est ce minimum ? Quelle est la distance maximale ?

4) A quelle condition la courbe peut-elle présenter des points stationnaires (☺) ?

5) Tracer la courbe C(3, 1, 2).

6) On suppose maintenant c = b (si b est positif), ou c = –b (si b est négatif). Montrer que, à une homothétie près, la courbe C(a, b, c) ne dépend que de q.

On pose :
$$C'(q) = C(q - 1, 1, 1),\ C''(q) = C(q + 1, -1, 1).$$
Tracer C'(4) et C''(4).

Ces courbes sont respectivement des épicycloïdes et des hypocycloïdes, cas particuliers de trochoïdes.

exercice 2

Lemniscate de Bernoulli

On étudie la courbe C donnée par :
$$x(t) = a\frac{\cos(t)}{1+\sin^2(t)},$$
$$y(t) = a\sin(t)\frac{\cos(t)}{1+\sin^2(t)}.$$

1) On suppose a = 1. Déterminer les symétries de cette courbe, puis la tracer. Préciser les tangentes à l'origine.

2) Montrer (☺) que les points de cette lemniscate vérifient l'équation :
$$\left(x^2+y^2\right)^2 = x^2-y^2.$$

3) Soient F_1 et F_2 les points de coordonnées respectives :
$$\left(\frac{-1}{\sqrt{2}},0\right) \text{ et } \left(\frac{1}{\sqrt{2}},0\right).$$

Montrer (☺) que les points M de C vérifient :
$$d(M, F_1) \times d(M, F_2) = \left(\frac{d(F_1,F_2)}{2}\right)^2.$$

4) Autre construction de la lemniscate.

⊙ Tracer le cercle de rayon 1, de centre O. Soit O' le point $\left(-\sqrt{2},0\right)$.

⊙ Tracer une demi-droite passant par O', et coupant le cercle en Q_1, Q_2.

⊙ Sur cette demi-droite, soit M le point tel que $d(O', M) = d(Q_1, Q_2)$.

Démontrer que le point M est un point de la lemniscate de Bernoulli obtenue pour a = 2 (☺).

On dit que la lemniscate est une cissoïde de cercle.

☺ indications pour résoudre

exercice 3

Tractrice de Leibniz

Tracer la courbe d'équations :

$$x(t) = \frac{1}{ch(t)},$$
$$y(t) = t - \frac{sh(t)}{ch(t)}.$$

Vérifier que la portion de tangente à cette courbe comprise entre le point de contact et son intersection avec l'axe des ordonnées a une longueur indépendante de t.

exercice 4

Les folium

Soient a et b des paramètres, (a, b) ≠ (0, 0) et F(a, b) la courbe d'équations :

$$x(t) = b\cos^2(t) + a\cos^2(t)\sin^2(t),$$
$$y(t) = b\cos(t)\sin(t) + a\cos(t)\sin^3(t).$$

1) Déterminer les symétries et l'intervalle d'étude de cette courbe.

Chercher dans quels cas cette courbe admet un point stationnaire (☺), et tracer les courbes correspondantes.

2) Considérer maintenant le cas où a = 0. Quelle est la courbe obtenue ?

3) On suppose maintenant a ≠ 0, et b ≥ 0.

On voit alors que F(a, b) et F(1, b/a) se déduisent l'une de l'autre par une homothétie de centre l'origine O. On suppose donc a = 1.

Etudier F(1, b) pour b > 0, en traçant le folium dans chacun des cas b = 0,5, b = 1, et b = 2 (☺).

4) On suppose maintenant a = 1, b < 0.

Montrer que si b > – 1, la courbe a un point triple à l'origine. Quelles sont les tangentes en ce point ? Tracer F(1, –0,5). Tracer F(1, –2).

exercice 5

Les courbes de Talbot

Cette famille de courbes T(a, b) est définie par les équations :
$$x(t) = \frac{a^2 + (a^2 - b^2)\sin^2(t)}{a}\cos(t),$$
$$y(t) = \frac{-a^2 + 2b^2 + (a^2 - b^2)\sin^2(t)}{b}\sin(t),$$

où a et b sont des paramètres réels strictement positifs (a > b).

1) Déterminer, dans le cas général, les symétries de T(a, b) et l'intervalle d'étude.

2) Discuter l'existence de points stationnaires en fonction de la valeur de l'expression (☺) :
$$e^2 = \frac{a^2 - b^2}{a^2}.$$

S'ils existent, préciser leurs coordonnées.

3) Tracer T(2, 1), T($\sqrt{2}$, 1) (☺).

4) On rappelle qu'une ellipse de centre O, et de demi-axes a et b, peut être décrite par les équations paramétriques :
$$x(t) = a\cos(t),$$
$$y(t) = b\sin(t).$$

Soit M(t) un point ordinaire de T(a, b). Démontrer que la tangente à T(a, b) au point M(t) passe par le point P(t) de l'ellipse, de paramètre t (☺), et qu'elle est perpendiculaire au rayon correspondant de l'ellipse (☺), c'est-à-dire à OP(t).

☺ indications pour résoudre

> Savoir reconnaître une conique, en déterminer les éléments essentiels. Savoir construire, à la règle et au compas, certains éléments, intersections ... et justifier ces constructions.

exercice 6

Construction d'éléments d'une conique

Dans cet exercice, on donne des constructions, le lecteur doit prouver qu'elles fournissent bien les éléments annoncés.

1) *Etant donnée une ellipse, dont on connait le centre O et les demi-axes OA et OB, construire ses foyers et ses directrices.*

Tracer les droites OA et OB, puis la perpendiculaire à OA en A, et la perpendiculaire à OB en B. Le point d'intersection est T. Tracer le cercle de centre B et de rayon BT. Il coupe la droite OA en F et F' les deux foyers (☺). Tracer la perpendiculaire à BF passant par F. Elle coupe BT en Q. La perpendiculaire à OA passant par Q est la directrice relative à F (☺).

2) *Etant donnée une hyperbole, dont on connaît le centre O, le demi-axe OA, le foyer F, construire les asymptotes et les directrices.*

Tracer le cercle de centre O et passant par F. Tracer la perpendiculaire à OF en A. Elle coupe le cercle en deux points C, C' qui déterminent les asymptotes (☺).

Soit B la projection de C sur la perpendiculaire à OF en O. Tracer AB. Tracer le cercle de centre A passant par F. Il coupe AB en un point K de la directrice (☺).

☺ indications pour résoudre

exercice 7

Intersection d'une droite et d'une parabole

Soit C une parabole dont on connaît le foyer F et la directrice D. Soit H le projeté de F sur D.

1) Soit D' une droite ne passant pas par F, on suppose qu'elle coupe l'axe en N et la directrice en S. Soit C' le cercle de centre N passant par H.
On suppose que SF coupe C' en Q' et Q". Montrer que la parallèle à NQ' passant par F coupe D' en un point M appartenant à la parabole (☺).
Pourquoi faut-il que D' ne passe pas par F ? Discuter en fonction de la position de N, S étant fixé.

2) On suppose maintenant que D' passe par F, et coupe D en S.
Soient K et K' les points d'intersection des bissectrices de l'angle de D' et de l'axe de la parabole avec D. Tracer les médiatrices de KF et K'F, elles coupent D' en M et M'. Montrer que ces points appartiennent à la parabole.

exercice 8

Cercle associé

Soit C une conique de foyer F, directrice D, excentricité e. On note H le projeté de F sur D. Soit M un point du plan. Le cercle associé à M est le cercle de centre M, de rayon :

$$e \times d(M, D).$$

1) Montrer que M est un point de C si et seulement si son cercle associé passe par le foyer F.

2) Montrer que tout cercle homothétique d'un cercle associé, dans une homothétie centrée sur la directrice, est un cercle associé (☺).

3) Supposons connu un point N de C. La construction suivante permet de construire le cercle associé d'un point M. Le vérifier et discuter la construction.

Tracer le cercle de centre N passant par F. La droite MN coupe la directrice en I. Mener de I une tangente au cercle (N, NF), soit IK. Soit MJ la perpendiculaire à IK. Le cercle (M, MJ) est le cercle associé à M.

4) Soit D' une droite variable parallèle à la directrice D. Soit P l'intersection de HN avec D'. Tracer le cercle de centre N passant par F, et une tangente issue de H à ce cercle. Soit J le projeté de P sur cette tangente.

Montrer que la longueur PJ est le rayon du cercle associé à P (☺).

Tracer le cercle de centre F et de rayon PJ, et montrer qu'il coupe D' en des points qui appartiennent à la conique.

exercice 9

Intersection d'une droite et d'une conique à centre

On suppose ici que la conique est donnée par un foyer F, la directrice associée D, et un point P. On note H le projeté de F sur D.

Soit D' une droite, qui coupe la directrice en S, et l'axe en N. On suppose que H ≠ S et H ≠ N. Effectuer la construction suivante :

Tracer le cercle associé à N. Il coupe SF en Q' et Q".

Tracer les parallèles à NQ' et NQ" passant par F. Elles coupent SN en M' et M".

Démontrer que ces points sont sur la conique (☺). Discuter.

exercice 10

Puissance d'un point par rapport à un cercle

1) Puissance d'un point par rapport à un cercle. Axe et centre radical.

Soit C un cercle de centre O et rayon R. Soit I un point du plan.

Démontrer que quelle que soit la sécante IMN passant par I, M et N appartiennent au cercle, on a l'égalité (☺) :

$$\overline{IM}.\overline{IN} = OI^2 - R^2.$$

Ce nombre est la **puissance de I par rapport à C.**

2) Etant donnés deux cercles, démontrer que l'ensemble des points ayant même puissance par rapport à ces deux cercles est une droite perpendiculaire à la droite des centres (☺).

On l'appelle **axe radical** des cercles.

Démontrer que si les cercles sont sécant, l'axe radical est la sécante commune. De même s'ils sont tangents, c'est la tangente commune.

3) Etant donnés trois cercles, dont les centres ne sont pas alignés, démontrer qu'il y a un unique point qui a même puissance par rapport à ces trois cercles.

On l'appelle **centre radical**. C'est l'intersection des trois axes radicaux.

4) Construction d'un cercle passant par deux points distincts donnés, et tangent à un cercle donné. On suppose que le centre de ce cercle n'appartient pas à la médiatrice des deux points.

Tracer la médiatrice du bi-point. Tracer un cercle auxiliaire centré sur la médiatrice, passant par les deux points, qui coupe le premier cercle.

La corde commune et la droite joignant les deux points donnés se coupent en I. Tracer de I les tangentes au cercle donné.

Les rayons correspondant coupent la médiatrice ci-dessus en deux points. Démontrer que ce sont les centres des cercles cherchés (☺).

---

exercice 11

Intersection d'une droite et d'une conique à centre

Soit C une conique à centre définie par ses foyers F et F', et les sommets situés sur FF', soient S et S'. Soit D une droite.

Effectuer la construction suivante :

Tracer le cercle directeur de centre F. Soit F1 le symétrique de F' par rapport à D. Tracer les cercles passant par F' et F1 et tangents au cercle directeur.

Démontrer que leurs centres sont les points d'intersection cherchés (☺).

> Savoir étudier différents types de réseaux plans, à partir de leur groupe d'isométries.

exercice 12
Techniques élémentaires d'étude d'un réseau

Soit R un réseau défini par la donnée de deux vecteurs non colinéaires a =OA, et b = OB. Le groupe des isométries du plan vectoriel opère sur l'ensemble des réseaux : si g est une isométrie, le réseau R a pour image le réseau g.R défini par les vecteurs g(a), g(b).

1) Soit A' un nœud, différent de O, de R à la distance minimum de O (il peut en exister plusieurs). On note a' le vecteur d'origine O défini par A'. Démontrer qu'il existe une base (a', b') de R, c'est-à-dire une base contenant a' (☺).

2) Soient C et D des nœuds de R. Montrer qu'il existe un nœud de R, soit D', tel que les vecteurs OD' et CD soient égaux.

3) Déduire que si C et D sont des nœuds quelconques de R, on a l'inégalité suivante (d(M, N) désigne la distance de M à N) :
$$d(C, D) \geq d(O, A').$$

4) Soit I(R) le stabilisateur de R dans le groupe des isométries (c'est-à-dire l'ensemble des isométries g telles que g.R = R). Montrer que I(R) est un groupe fini (☺).

exercice 13
Rotations conservant un réseau

Soit R un réseau défini par la donnée de deux vecteurs non colinéaires a =OA, et b = OB. On note $\Omega(R)$ l'ensemble des rotations de centre O qui laissent le réseau stable.

1) Rappeler pourquoi cet ensemble est un groupe (pour la composition des applications) (☺).

☺ indications pour résoudre

2) Démontrer que $\Omega(R)$ est un groupe fini (☺). Déduire que les angles des rotations qui conservent R sont de la forme $\dfrac{2k\pi}{m}$, m et k entiers.

3) On note r l'élément de $\Omega(R)$ différent de l'application identique ayant le plus petit angle, montrer que cet angle est de la forme $\dfrac{2\pi}{n}$, et que n est pair (☺).

4) Démontrer que n est au plus égal à 6 (☺).

5) Démontrer que $\Omega(R)$ est un groupe cyclique, d'ordre n.

---

exercice 14

Groupes d'isométries des réseaux R pour lesquels $\Omega(R)$ a deux éléments

Soit S la rotation d'angle π, $\Omega(R) = \{I, S\}$.

Soit I(R) le groupe (fini, Cf. exercice 12) des isométries conservant le réseau :

$$\Omega(R) \subset I(R).$$

1) Supposons I(R) = $\Omega(R)$. Soit A un des nœuds les plus proches de O.

Soit B un des nœuds les plus proches de O, à part A et S(A).

Démontrer que si OA et OB sont perpendiculaires, alors la symétrie par rapport à la droite OA serait une isométrie de I(R) (☺).

Démontrer que si OA et OB ont la même longueur, alors la bissectrice de l'angle AOB serait un axe de symétrie du réseau.

Dessiner un exemple d'un tel réseau, appelé "réseau oblique".

NB : Le groupe I(R) est le groupe à 2 éléments, noté généralement, en cristallographie, C_2.

2) Si I(R) ≠ $\Omega(R)$, il contient au moins un autre élément, qui est une symétrie orthogonale δ par rapport à une droite D.

Expliquer pourquoi (☺).

Démontrer qu'il existe alors dans I(R) une autre symétrie orthogonale, par rapport à une autre droite D'.

Peut-il exister une troisième symétrie orthogonale dans I(R) ?

Conclure que le groupe I(R) est :
$$I(R) = \{I, S, \delta, \delta'\}$$
NB : C'est une des réalisations du **groupe diédral d'ordre 4**, noté souvent D_2.

---

exercice 15

Réseaux R pour lesquels I(R) est le groupe diédral D_2

On utilise les notations de l'exercice 14.

Soit A un nœud indivisible situé sur D, B un nœud indivisible situé sur D'. On construit la maille définie par AOB. Montrer que OA et OB n'ont pas la même longueur et que A et B sont les nœuds les plus proches sur D et D' respectivement.

1) Supposons qu'il n'y a pas de nœud à l'intérieur de cette maille.

Démontrer que OA, OB est une $\mathbb{Z}$-base du réseau (☺). Dessiner quelques mailles de ce réseau.

Ce réseau est le réseau "rectangle".

2) Supposons qu'il y a un nœud A' dans la maille. Soit B' son symétrique par rapport à D.

Montrer que A' est nécessairement le centre de la maille (rectangulaire).

Montrer que ces deux nœuds forment une $\mathbb{Z}$-base (☺). Dessiner quelques mailles de ce réseau.

Ce réseau est le réseau "losange".

☺ indications pour résoudre

3-2 Corrigés des exercices

exercice 1-C

Courbes trochoïdales.

1) La figure est la suivante :

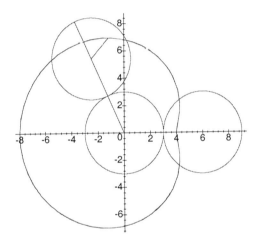

☺ indications pour résoudre

Soit T le point de tangence des deux cercles, et t l'angle entre Ox et OT.
Pour t = 0, T coincide avec le point A(4, 0). Notons P le point d'intersection du cercle Γ' avec NM.

Le cercle Γ' ayant roulé sur Γ, on peut écrire que les longueurs des arcs AT (sur Γ) et TP (sur Γ') sont égales (ces deux arcs pris dans le sens trigonométrique). Si θ désigne l'angle de NT avec NM, on a donc l'égalité $a \times t = b \times \theta$.

Le vecteur OM est somme des vecteurs ON et NM. On peut calculer les coordonnées de ces vecteurs :

pour ON : $((a + b)\cos(t), (a + b)\sin(t))$

pour NM : $(c \times \cos(t + \theta - \pi), c \times \sin(t + \theta - \pi))$

On obtient donc bien pour le point M :
$$x(t) = (a + b)\cos(t) - c \times \cos(qt)$$
$$y(t) = (a + b)\sin(t) - c \times \sin(qt).$$

2) Soit :
$$t' = t + \frac{2b}{a}\pi.$$

Si on calcule x(t') et y(t') en fonction de x(t) et y(t), en développant les sinus et cosinus par les formules usuelles de sommes, on obtient :

$$(a + b)\cos(t') - c \times \cos(qt') = x(t)\cos\left(\frac{2b}{a}\pi\right) - y(t)\sin\left(\frac{2b}{a}\pi\right),$$

$$(a + b)\sin(t') - c \times \sin(qt') = x(t)\sin\left(\frac{2b}{a}\pi\right) + y(t)\cos\left(\frac{2b}{a}\pi\right).$$

Le point de paramètre t' est donc l'image, par la rotation de centre O et d'angle $\left(\frac{2b}{a}\pi\right)$, du point de paramètre t. Il suffit donc d'étudier la trochoïde sur l'intervalle :

$$\left[0, \frac{2|b|}{a}\pi\right].$$

3) Géométriquement, la réponse est claire : la distance minimale est obtenue lorsque N, O, M sont alignés, M étant du côté de O. Cette distance est égale à $|a + b - c|$. La distance maximale s'obtient quand N, O, M sont alignés, M et O étant de part et d'autre de N, elle vaut $a + b + c$.

Si on ne pense pas à cette solution géométrique, on peut faire le calcul de la distance OM, ou de son carré :

$$OM^2 = (a + b)^2 + c^2 - 2(a + b)c[\cos(t)\cos(qt) + \sin(t)\sin(qt)]$$
$$OM^2 = (a + b)^2 + c^2 - 2(a + b)c \times \cos(qt - t)$$

et cette expression est minimale (compte tenu des signes) quand le cosinus vaut 1. Le carré de la distance minimale est donc :

$$(a + b)^2 + c^2 - 2(a + b)c = (a + b - c)^2.$$

La distance est maximale quand le cosinus vaut -1, et son carré est :

$$(a + b)^2 + c^2 + 2(a + b)c = (a + b + c)^2.$$

4) Calculons les dérivées de $x(t)$ et $y(t)$:

$$x'(t) = -(a+b)\sin(t) + cq\sin(qt)$$
$$y'(t) = (a+b)\cos(t) - cq\cos(qt).$$

Ces deux dérivées sont simultanément nulles si et seulement si l'expression $x'(t)^2 + y'(t)^2$ est nulle, soit :

$$(a + b)^2 + c^2q^2 - 2cq(a + b)\cos(qt - t) = 0.$$

Supposons d'abord $b > 0$, donc $q > 0$, l'équation s'écrit :

$$(a + b - cq)^2 + 2cq(a + b)\left(1 - \cos\left(\frac{a}{b}t\right)\right) = 0.$$

Cette somme de deux nombres positifs ou nuls n'est égale à 0 que dans le cas où les deux termes sont égaux à 0, soit :

$$a + b - cq = 0,$$
$$1 - \cos\left(\frac{a}{b}t\right) = 0.$$

☺ indications pour résoudre

Il en résulte qu'il ne peut y avoir des points stationnaires que si c = b, et ces points correspondent, dans l'intervalle d'étude, à :

$$t_1 = \frac{b}{a}\frac{\pi}{2}, \ t_2 = \frac{b}{a}\frac{3\pi}{2}.$$

Il y a donc 2 points stationnaires dans l'intervalle d'étude.

Si b est négatif, un calcul analogue conduit à c = – b.

5) Le domaine d'étude est :

$$[0, \pi].$$

On peut voir dans ce cas une symétrie simple de la courbe : les points de paramètres t et π – t sont symétriques par rapport à l'axe des ordonnées. On peut donc réduire le domaine d'étude à :

$$\left[0, \frac{\pi}{2}\right].$$

Les calculs de dérivées donnent :

$$x'(t) = -6\sin(t) + 9\sin(3t)$$
$$y'(t) = 6\cos(t) - 9\cos(3t).$$

On étudie leur signe. On voit que x'(t) s'annule en 0, et après simplification par sin(t), on doit étudier :

$$6\cos^2(t) + 3\cos(2t) - 2 = 0.$$

En posant $X = \cos(t)$, l'expression s'écrit :

$$12\,X^2 - 5 = 0.$$

On voit qu'elle s'annule une fois sur l'intervalle [0, 1]. On note t' la valeur de t correspondante : 0 < t'.

Pour y'(t), on voit qu'on peut factoriser par cos(t), puis, après simplification, on obtient, avec $X = \cos(t)$:

$$12\,X^2 - 11 = 0.$$

Elle s'annule une fois sur l'intervalle [0, 1], on note t" la valeur de t correspondante. Comme cos(t") > cos(t'), t" < t'.

On établit le tableau des variations :

t	0		t"		t'		π/2
x'(t)	0		+		0	−	
x(t)	↗		↗			↘	
y(t)	↘		↗			↗	
y'(t)	−	0	+			+	0

Le tracé, complété par symétrie, puis rotation est le suivant :

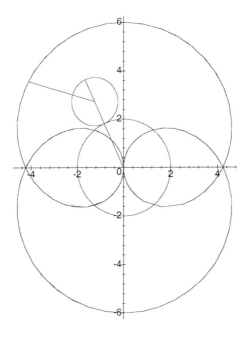

☺ indications pour résoudre

6) Traitons le cas $b < 0$, $c = -b$. En mettant $c = -b$ en facteur, on voit que le point de paramètre t sur $C(a, b, -b)$ s'obtient à partir du point de paramètre t de $C(-q + 1, -1, 1)$ par l'homothétie de centre O et de rapport $-b$. Pour $b > 0$, le raisonnement est analogue.

Le tracé de C'(4) est :

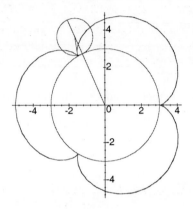

Le tracé de C''(4) est :

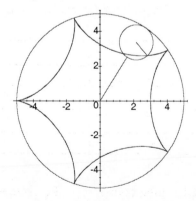

(QC-1) Etudier, dans le cas général, les points stationnaires des courbes C'(q) et C''(q).

exercice 2-C
Lemniscate de Bernoulli.

1) On voit facilement que les relations suivantes sont vraies pour tout t :
$$x(t) = x(-t),\ y(t) = -y(-t)$$
$$x(\pi - t) = -x(t),\ y(\pi - t) = y(t).$$

La lemniscate de Bernoulli est donc symétrique par rapport aux deux axes de coordonnées. De plus, ces relations permettent de réduire l'intervalle d'étude à $\left[0, \dfrac{\pi}{2}\right]$.

Les dérivées de x et y sont :
$$x'(t) = \frac{\sin(t)\left(2 + \cos^2(t)\right)}{\left(1 + \sin^2(t)\right)^2},$$
$$y'(t) = \frac{\left(3\cos^2(t) - 2\right)}{\left(1 + \sin^2(t)\right)^2}.$$

On voit que x'(t) s'annule en 0 (dans l'intervalle d'étude) et y'(t) en une valeur t' telle que $3\cos^2(t') = 2$. Le tableau des variations est donc :

t	0		t'		π/2
x'(t)	0	+		+	
x(t)		↗		↗	
y(t)		↗		↘	
y'(t)		+	0	−	

La courbe passe à l'origine pour $t = \dfrac{\pi}{2}$. Le vecteur dérivée première est non nul, donc il donne la tangente dont l'équation est y = x.
Par symétrie, la droite d'équation y = − x est également tangente.

☺ indications pour résoudre

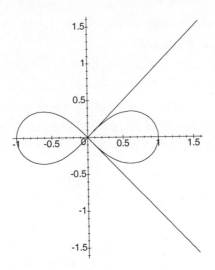

2) Supposons $x \neq 0$. On voit que :
$$\sin(t) = \frac{y}{x},$$
donc :
$$x^2 = \frac{1 - \left(\frac{y}{x}\right)^2}{\left(1 + \left(\frac{y}{x}\right)^2\right)^2} = \frac{x^4 - x^2 y^2}{\left(x^2 + y^2\right)^2},$$

$$\left(x^2 + y^2\right)^2 = x^2 - y^2.$$

Les points de la lemniscate, y compris l'origine, vérifient cette équation.

(QC-1) Etudier la réciproque : un point dont les coordonnées vérifient cette équation est-il un point de la lemniscate ?

3) Soit M un point de la lemniscate, de paramètre t.
On calcule l'expression $d(M, F_1) \times d(M, F_2)$, élevée au carré :

$$\left(\left(\frac{\cos(t)}{1+\sin^2(t)}+\frac{1}{\sqrt{2}}\right)^2+\frac{\sin^2(t)\cos^2(t)}{\left(1+\sin^2(t)\right)^2}\right)\times\left(\left(\frac{\cos(t)}{1+\sin^2(t)}-\frac{1}{\sqrt{2}}\right)^2+\frac{\sin^2(t)\cos^2(t)}{\left(1+\sin^2(t)\right)^2}\right)$$

$$=\left(\frac{\cos(t)}{1+\sin^2(t)}+\frac{1}{\sqrt{2}}\right)^2\left(\frac{\cos(t)}{1+\sin^2(t)}-\frac{1}{\sqrt{2}}\right)^2$$

$$+\frac{\sin^2(t)\cos^2(t)}{\left(1+\sin^2(t)\right)^2}\left(\frac{\sin^2(t)\cos^2(t)}{\left(1+\sin^2(t)\right)^2}+\left(\frac{\cos(t)}{1+\sin^2(t)}-\frac{1}{\sqrt{2}}\right)^2+\left(\frac{\cos(t)}{1+\sin^2(t)}+\frac{1}{\sqrt{2}}\right)^2\right)$$

$$=\left(\frac{\cos^2(t)}{\left(1+\sin^2(t)\right)^2}-\frac{1}{2}\right)^2+\frac{\sin^2(t)\cos^2(t)}{\left(1+\sin^2(t)\right)^2}\left(\frac{\sin^2(t)\cos^2(t)}{\left(1+\sin^2(t)\right)^2}+2\left(\frac{\cos(t)}{1+\sin^2(t)}\right)^2+1\right).$$

Cette expression s'écrit, en posant $X = \sin(t)$:

$$\left(\frac{1-X}{(1+X)^2}-\frac{1}{2}\right)^2+\frac{X(1-X)}{(1+X)^2}\left(\frac{X(1-X)}{(1+X)^2}+2\frac{(1-X)}{(1+X)^2}+1\right)$$

$$=\left(\frac{1-X}{(1+X)^2}\right)^2+\frac{1}{4}-\frac{1-X}{(1+X)^2}+\left(\frac{X(1-X)}{(1+X)^2}\right)^2+2X\left(\frac{1-X}{(1+X)^2}\right)^2+\frac{X(1-X)}{(1+X)^2}$$

$$=\frac{(1-X)^2}{(1+X)^2}+\frac{1-X}{(1+X)^2}\left(X-1+\frac{(1+X)^2}{4(1-X)}\right)$$

$$=\frac{1}{4}.$$

Comme on a :

$$\left(\frac{d(F_1,F_2)}{2}\right)^2=\frac{1}{2},$$

on voit que la relation cherchée est bien vérifiée.

☺ indications pour résoudre

4) La figure est la suivante :

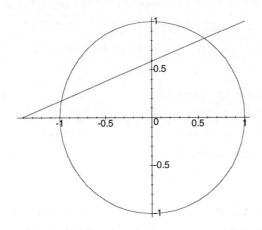

On considère un repère orthonormé d'origine O', dont l'axe des abscisses est porté par O'O. Les coordonnées sont x' et y'. On note θ l'angle de O'O avec OM, il est compris entre $-\dfrac{\pi}{4}$ et $\dfrac{\pi}{4}$. La sécante considérée a pour équation dans ce repère :

$$y' = \tan(\theta)\, x'.$$

Le cercle a pour équation :

$$\left(x' - \sqrt{2}\right)^2 + y'^2 = 1,$$

d'où le calcul des abscisses des points d'intersection :

$$x'^2\left(1 + \tan^2(\theta)\right) - 2\sqrt{2}\, x' + 1 = 0,$$

et l'abscisse de M est la différence entre les racines de cette équation.

On trouve :
$$x'_M = 2\frac{\sqrt{1-\tan^2(\theta)}}{1+\tan^2(\theta)},\ y'_M = 2\tan(\theta)\frac{\sqrt{1-\tan^2(\theta)}}{1+\tan^2(\theta)}.$$

Comme $\tan(\theta)$ est compris entre -1 et 1, on peut poser :
$$\sin(t) = \tan(\theta),$$
et les coordonnées de M s'écrivent alors :
$$x'_M = 2\frac{\cos(t)}{1+\sin^2(t)},\ y'_M = 2\sin(t)\frac{\cos(t)}{1+\sin^2(t)}.$$

On obtient bien le résultat demandé.

---

exercice 3-C

Comme $ch(t)$ ne s'annule pas, le domaine de définition de la tractrice est $\mathbb{R}$. Les points de paramètres t et $-t$ sont symétriques par rapport à l'axe des abscisses. Il suffit donc d'étudier la courbe sur $[0, +\infty[$, et de compléter par symétrie.

Les dérivées sont :
$$x'(t) = -\frac{sh(t)}{ch^2(t)},\ y'(t) = 1 - \frac{1}{ch^2(t)},$$

donc $x'(t) \leq 0$, et $y'(t) \geq 0$.

Pour $t = 0$, le point est $(1, 0)$. Lorsque t tend vers l'infini, $x(t)$ tend vers 0, et $y(t)$ tend vers l'infini, donc la tractrice a une asymptote qui est l'axe des ordonnées.

Ecrivons l'équation de la tangente :
$$\left(y - t + \frac{sh(t)}{ch(t)}\right)\frac{sh(t)}{ch^2(t)} + \left(x - \frac{1}{ch(t)}\right)\left(1 - \frac{1}{ch^2(t)}\right) = 0$$
$$\left(y - t + \frac{sh(t)}{ch(t)}\right) + \left(x - \frac{1}{ch(t)}\right)sh(t) = 0.$$

☺ indications pour résoudre

Elle coupe l'axe des ordonnées au point d'ordonnée :
$$y = \left(t - \frac{sh(t)}{ch(t)}\right) + \frac{sh(t)}{ch(t)}$$
$$= t.$$
La longueur de ce segment vaut :
$$\left(t - t + \frac{sh(t)}{ch(t)}\right)^2 + \frac{1}{ch^2(t)} = \frac{sh^2(t) + 1}{ch^2(t)} = 1.$$

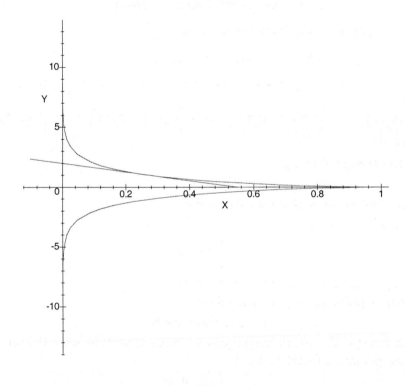

exercice 4-C

1) Les fonctions x et y sont périodiques de période π, définies pour tout t. Les points de paramètres t et –t sont symétriques par rapport à l'axe des abscisses, on peut donc étudier la courbe sur $[0, \frac{\pi}{2}]$.

Les dérivées sont :

$$x(t) = (a+b)\cos^2(t) - a\cos^4(t)$$

$$x'(t) = -2(a+b)\cos(t)\sin(t) + 4a\cos^3(t)\sin(t)$$

$$x'(t) = 2\cos(t)\sin(t)\left[2a\cos^2(t) - a - b\right]$$

$$y(t) = (a+b)\cos(t)\sin(t) - a\sin(t)\cos^3(t)$$

$$y'(t) = (a+b)\left[2\cos^2(t) - 1\right] - a\cos^4(t) + 3a\left[1 - \cos^2(t)\right]\cos^2(t).$$

L'expression x'(t) s'annule si t = 0, t = $\frac{\pi}{2}$, ou si $2a\cos^2(t) - a - b$ est égal à 0.

Dans le premier cas :

$$y'(0) = b.$$

Le point (0, 0) est stationnaire pour b = 0.

Dans le second cas :

$$y'\left(\frac{\pi}{2}\right) = -a - b.$$

Le point (0, 0) est stationnaire si a + b = 0.

Pour le troisième cas, x'(t) s'annule si :

$$2a\cos^2(t) = a + b.$$

Comme (a, b) ≠ (0, 0), cette équation n'a pas de solution si a = 0. Dans le cas contraire, il faut résoudre :

$$\cos^2(t) = \frac{a+b}{2a},$$

☺ indications pour résoudre

équation qui n'a de solution que si :
$$0 \le \frac{a+b}{2a} \le 1.$$
Cherchons à quelle condition y'(t) s'annule dans ce cas :
$$(a+b)\left[\frac{a+b}{a}-1\right] - a\left(\frac{a+b}{2a}\right)^2 + 3a\left[1-\frac{a+b}{2a}\right]\frac{a+b}{2a}$$
$$= \frac{4(a+b)b - (a+b)^2 + 3(a^2-b^2)}{4a} = \frac{2a^2 + 2ab}{4a} = \frac{a+b}{2}.$$
Donc y'(t) ne s'annule que si a + b = 0, ce qui entraîne cos(t) = 0, ce qui est un cas déjà vu.

En résumé l'origine (0, 0) est un point stationnaire dans deux cas :
$$a + b = 0 \ (b \ne 0)$$
$$b = 0.$$
Dans le premier cas, la courbe a pour équations :
$$x(t) = -a\cos^4(t)$$
$$y(t) = -a\sin(t)\cos^3(t).$$
Les dérivées sont :
$$x'(t) = 4a\cos^3(t)\sin(t),$$
$$y'(t) = 3a\sin^2(t)\cos^2(t) - a\cos^4(t) = a\cos^2(t)[4\sin^2(t) - 1].$$
Supposons a > 0, par exemple. On voit que x'(t) ≥ 0, donc x est croissante, et y'(t) est du signe de $4\sin^2(t) - 1$. Cette expression s'annule une seule fois dans l'intervalle d'étude, pour t = $\frac{\pi}{6}$. Elle est négative pour t voisin de 0, positive ensuite, donc y est décroissante puis croissante.

Déterminons la tangente à l'origine, et la nature du point stationnaire.

On peut faire un développement limité :
$$x\left(\frac{\pi}{2}-h\right) = -\sin^4(h) = -h^4 + h^4\varepsilon(h),$$
$$y\left(\frac{\pi}{2}-h\right) = -\cos(h)\sin^3(h) = -h^3 + h^3\varepsilon(h).$$

Le vecteur (0, 1) est tangent (proportionnel à la dérivée troisième), et le vecteur dérivée quatrième ne lui est pas colinéaire, donc il s'agit d'un point à aspect ordinaire.

Le tracé est le suivant (a = 1) :

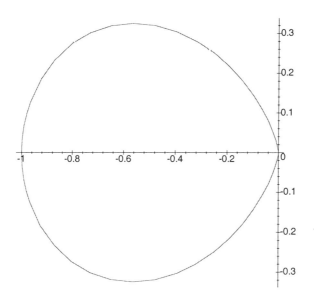

Dans le second cas, les équations sont :
$$x(t) = a \cos^2(t)\sin^2(t)$$
$$y(t) = a \cos(t)\sin^3(t).$$

☺ indications pour résoudre

Les dérivées :
$$x'(t) = 2a \cos(2t)\sin(2t) = a \sin(4t),$$
$$y'(t) = -a \sin^4(t) + 3a \sin^2(t)\cos^2(t) = a \sin^2(t)(4\cos^2(t) - 1).$$

Sur l'intervalle d'étude, $x'(t)$ s'annule en 0, $\dfrac{\pi}{4}$, $\dfrac{\pi}{2}$, en changeant de signe.

Sur l'intervalle d'étude, $y'(t)$ s'annule en 0 (point stationnaire) et en $\dfrac{\pi}{3}$.

Le tableau de variations est le suivant ($a > 0$) :

t	0		π/4		π/3		π/2
x'(t)	0	+	0	−		−	0
x(t)	0	↗		↘		↘	0
y(t)	0	↗		↗		↘	0
y'(t)	0	+		+	0	−	

Pour étudier le point stationnaire, nous effectuons un développement limité en 0 :
$$x(t) = a(t + t\,\varepsilon(t))^2(1 + \varepsilon(t))^2 = a\,t^2 + t^2\varepsilon(t)$$
$$y(t) = a\,t^3 + t^3\varepsilon(t).$$

On voit que le vecteur $(1, 0)$ est tangent en $(0, 0)$, et que le point est un point de rebroussement de première espèce.

Le point $(0, 0)$ est à nouveau atteint pour $t = \pi/2$, avec pour tangente l'axe des ordonnées ($x'(\pi/2) = 0$, $y'(\pi/2) = -a$).

La figure est la suivante (a = 1) :

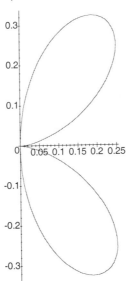

2) Si a = 0, la figure est un cercle :
$$y(t)^2 = b^2\cos^2(t)(1 - \cos^2(t)) = b\, x(t) - x(t)^2,$$
les points de la courbe appartiennent donc au cercle de centre $\left(\dfrac{b}{2}, 0\right)$, de rayon $\dfrac{b^2}{4}$. Réciproquement, si (x, y) est un point de ce cercle (avec $b > 0$, par exemple), alors $0 \leq x \leq b$. Supposons $y \geq 0$. Il existe $t \in \left[0, \dfrac{\pi}{2}\right]$ tel que $x = b\cos^2(t)$. En reportant dans l'équation du cercle, on trouve :
$$y^2 = b^2\cos^2(t)(1 - \cos^2(t)) = b^2\cos^2(t)\sin^2(t),$$
et compte tenu des signes :
$$y = b\cos(t)\sin(t).$$
On procède de même pour $y \leq 0$.

☺ indications pour résoudre

3) Etude de F(1, b), b = 0,5

Les équations sont :

$$x(t) = \cos^2(t)\left(\frac{1}{2} + \sin^2(t)\right),$$

$$y(t) = \cos(t)\sin(t)\left(\frac{1}{2} + \sin^2(t)\right).$$

Les dérivées :

$$x'(t) = -\sin(t)\cos(t) - 2\sin^3(t)\cos(t) + 2\sin(t)\cos^3(t),$$
$$= \sin(t)\cos(t)(-1 + 2\cos(2t)),$$

$$y'(t) = \left(\cos^2(t) - \sin^2(t)\right)\left(\frac{1}{2} + \sin^2(t)\right) + 2\cos^2(t)\sin^2(t),$$

$$= \cos(2t)\left(1 - \frac{\cos(2t)}{2}\right) + \frac{1}{2}(1 - \cos^2(2t)),$$

$$= -\cos^2(2t) + \cos(2t) + \frac{1}{2}.$$

On voit que x'(t) est nul pour 0, $\frac{\pi}{2}$, $\frac{\pi}{6}$. Son signe est celui de :

$$2\cos(2t) - 1.$$

Pour y'(t), il faut chercher les racines de $-X^2 + X + \frac{1}{2}$. On trouve une seule racine inférieure à 1 en valeur absolue, $\frac{1 - \sqrt{3}}{2}$. La dérivée de y s'annule donc une seule fois dans l'intervalle d'étude, pour une valeur de t notée θ. Comme la racine utilisée est négative, on voit que $2\theta > \frac{\pi}{2}$, donc $\theta > \frac{\pi}{4}$. On voit que y'(t) est négatif si $0 < t < \theta$, et positif si $t > \theta$.

On établit le tableau de variation à partir de là.

t	0		π/6		θ		π/2
x'(t)	0	+	0	−		−	0
x(t)	1/2	↗		↘		↘	0
y(t)	0	↗		↗		↘	0
y'(t)		+		+	0	−	

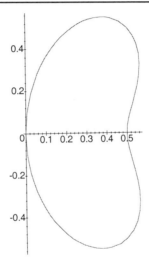

Etude de F(1, b), b = 1

Les équations sont :
$$x(t) = \cos^2(t)(1 + \sin^2(t)) = 2\cos^2(t) - \cos^4(t),$$
$$y(t) = \sin(t)\cos(t)(1 + \sin^2(t)) = 2\sin(t)\cos(t) - \sin(t)\cos^3(t).$$

Les dérivées :
$$x'(t) = -4\cos(t)\sin(t) + 4\sin(t)\cos^3(t) = -4\sin^3(t)\cos(t),$$
$$y'(t) = 2\cos^2(t) - 2\sin^2(t) - \cos^4(t) + 3\sin^2(t)\cos^2(t),$$
$$= 7\cos^2(t) - 2 - 4\cos^4(t).$$

☺ indications pour résoudre

On voit que x'(t) est négatif, et s'annule pour t = 0 et t = π/2.
Pour y'(t), il faut chercher les racines de $-4X^2 + 7X - 2$. On trouve une seule racine positive et inférieure à 1, soit α. Il existe un angle θ dans l'intervalle d'étude tel que $\cos^2(\theta) = \alpha$.
Le tableau de variations est le suivant :

t	0		θ		π/2
x'(t)	0	−		−	0
x(t)	1	↘		↘	0
y(t)	0	↗		↘	0
y'(t)		+	0	−	

On obtient la figure :

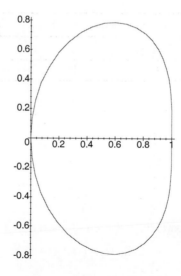

Etude de F(1, b), b = 2

Les équations sont :
$$x(t) = 3\cos^2(t) - \cos^4(t)$$
$$y(t) = 3\cos(t)\sin(t) - \cos^3(t)\sin(t).$$

Les dérivées :

$$x'(t) = -6\cos(t)\sin(t) + 4\cos^3(t)\sin(t) = 2\cos(t)\sin(t)(2\cos^2(t) - 3),$$

$$y'(t) = 9\cos^2(t) - 3 - 4\cos^4(t).$$

La dérivée de x(t) s'annule aux extrémités de l'intervalle d'étude, et est négative. Pour la dérivée de y(t), on étudie $-4X^2 + 9X - 3$. Il admet une seule racine positive inférieure à 1, donc y'(t) s'annule une fois, pour un angle θ.

Le tableau de variations est le suivant :

t	0		θ		$\pi/2$
x'(t)	0	−		−	0
x(t)	1	↘		↘	0
y(t)	0	↗		↘	0
y'(t)		+	0	−	

On obtient la figure :

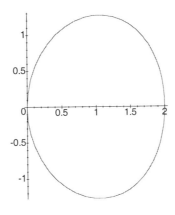

☺ indications pour résoudre

4) Etude de F(1, b) pour b < 0

Les équations sont :
$$x(t) = \cos^2(t)(\sin^2(t) + b)$$
$$y(t) = \sin(t)\cos(t)(\sin^2(t) + b).$$

Les deux coordonnées s'annulent pour $t = \dfrac{\pi}{2}$. Si $b > -1$, l'expression $\sin^2(t) + b$ s'annule une fois dans l'intervalle d'étude, en θ, donc par symétrie, on trouve bien trois valeurs de t entre 0 et π pour lesquelles la courbe passe à l'origine : $\dfrac{\pi}{2}$, θ, $\pi - \theta$.

Pour déterminer les tangentes, on calcule les dérivées :
$$x'(t) = -2(b+1)\sin(t)\cos(t) + 4\cos^3(t)\sin(t)$$
$$= \sin(t)\cos(t)(4\cos^2(t) - 2(b+1)).$$
$$y'(t) = -4\cos^4(t) + (5 + 2b)\cos^2(t) - (b+1).$$

Pour $t = \dfrac{\pi}{2}$, $x'(t) = 0$, et $y'(t) = -(b+1)$. La tangente est l'axe des ordonnées.

Pour $t = \theta$, $\sin^2(t) = -b$, donc $\cos^2(t) = 1 + b$, donc :
$$x'(\theta) = 2(b+1)\sqrt{-b(b+1)},$$
$$y'(\theta) = -2b(b+1).$$

Le vecteur qui a pour composantes x'(θ) et y'(θ) n'est pas nul, c'est la tangente. La troisième tangente est symétrique de la précédente.

Pour $b = -0{,}5$ ces calculs donnent :
$$x'(t) = \sin(t)\cos(t)(4\cos^2(t) - 1) = \sin(t)\cos(t)(2\cos(t) - 1)(2\cos(t) + 1)$$
$$y'(t) = -4\cos^4(t) + 4\cos^2(t) - 0{,}5.$$

Donc x'(t) s'annule trois fois dans l'intervalle d'étude. Pour y'(t), on trouve deux valeurs pour $\cos^2(t)$:
$$\Delta = 8, \quad \cos^2(t) = \frac{-4 \pm 2\sqrt{2}}{-8} = \frac{1}{2} \pm \frac{\sqrt{2}}{4},$$

d'où deux paramètres, soient α et β, vérifiant :
$$\cos(\alpha) = \sqrt{\frac{1}{2} + \frac{\sqrt{2}}{4}},$$
$$\cos(\beta) = \sqrt{\frac{1}{2} - \frac{\sqrt{2}}{4}}.$$

Si on remarque que :
$$2\cos^2(t) - 1 = \pm\frac{\sqrt{2}}{2},$$

on conclut que :
$$\alpha = \frac{\pi}{8}, \text{ et } \beta = \frac{3\pi}{8}.$$

Enfin $\sin^2(\theta) = 0{,}5$, donc $\theta = \frac{\pi}{4}$.

Le tableau de variations est le suivant :

t	0		π/8		π/3		3π/8		π/2
x'(t)		+		+	0	−		−	
x(t)	−0,5	↗		↗		↘		↘	0
y(t)	0	↘		↗		↗		↘	0
y'(t)		−	0	+		+	0	−	

On obtient la figure suivante (ci-dessous).

☺ indications pour résoudre

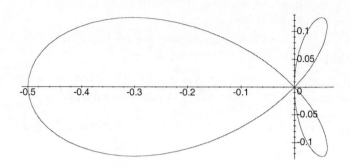

Une étude analogue permet de tracer F(1, −2) :

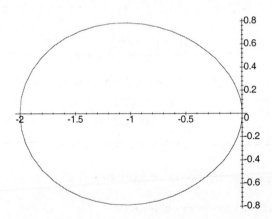

exercice 5-C

Les courbes de Talbot

1) La fonction x est paire, et la fonction y est impaire, donc la courbe est symétrique par rapport à l'axe des abscisses.

De plus $x(\pi - t) = -x(t)$ et $y(\pi - t) = y(t)$, donc la courbe présente également une symétrie par rapport à l'axe des ordonnées.

Il suffit d'étudier les courbes de Talbot sur l'intervalle $\left[0, \dfrac{\pi}{2}\right]$.

2) Les dérivées sont :

$$x'(t) = \frac{a^2 - b^2}{a} 2\sin(t)\cos^2(t) - \frac{a^2 + (a^2 - b^2)\sin^2(t)}{a}\sin(t)$$

$$= \frac{3(b^2 - a^2)\sin^2(t) + a^2 - 2b^2}{a}\sin(t),$$

$$y'(t) = \frac{a^2 - b^2}{b} 2\sin^2(t)\cos(t) + \frac{-a^2 + 2b^2 + (a^2 - b^2)\sin^2(t)}{b}\cos(t)$$

$$= -\frac{3(b^2 - a^2)\sin^2(t) + a^2 - 2b^2}{b}\cos(t).$$

Les dérivées s'annulent simultanément dans les cas suivants :

$\sin(t) = 0$, et $a^2 = 2b^2$,

$\cos(t) = 0$, et $2a^2 = b^2$,

$\sin(t)\cos(t) \neq 0$, et $3(b^2 - a^2)\sin^2(t) + a^2 - 2b^2 = 0$.

Le premier cas, qui correspond à $t = 0$, existe si $e^2 = \dfrac{1}{2}$.

Le second cas n'est pas possible puisque $a > b$.

Le troisième cas a une solution (unique) si et seulement si :

$$0 \leq \frac{a^2 - 2b^2}{3(a^2 - b^2)} \leq 1, \text{ soit } e^2 \geq \frac{1}{2}.$$

☺ indications pour résoudre

Le premier cas est donc un cas particulier du troisième.

On suppose donc $e^2 \geq \dfrac{1}{2}$, le point stationnaire correspond donc à :

$$\sin(t) = \sqrt{\dfrac{a^2 - 2b^2}{3(a^2 - b^2)}}$$

Les coordonnées sont :

$$x = \dfrac{4a^2 - 2b^2}{3a}\sqrt{\dfrac{2a^2 - b^2}{3(a^2 - b^2)}},\ y = \dfrac{4b^2 - 2a^2}{3b}\sqrt{\dfrac{a^2 - 2b^2}{3(a^2 - b^2)}}.$$

(QC-1) Chercher un vecteur tangent en chacun de ces points.

3) Tracé de T(2, 1)

Dans ce cas $e^2 = \dfrac{3}{4}$, donc il y a un point stationnaire sur l'intervalle d'étude, dont les coordonnées sont :

$$x = \dfrac{7\sqrt{7}}{9},\ y = -\dfrac{4\sqrt{2}}{9}.$$

Le vecteur dérivée seconde est tangent :

$$\dfrac{-2\sqrt{7}}{3},\ -\dfrac{14\sqrt{2}}{3}.$$

Pour préciser la nature du point stationnaire, calculons la dérivée troisième :

$$-19\dfrac{\sqrt{2}}{3},\ 2\dfrac{\sqrt{7}}{3}$$

vecteur qui n'est pas colinéaire au précédent. Le point est donc un rebroussement de première espèce.

Les dérivées sont :

$$x'(t) = \dfrac{2 - 9\sin^2(t)}{2}\sin(t),\ y'(t) = -\left(2 - 9\sin^2(t)\right)\cos(t).$$

Le tableau de variations est le suivant, avec θ l'angle de l'intervalle d'étude vérifiant $2 - 9\sin^2(\theta) = 0$:

t	0		θ		π/2
x'(t)		+	0	−	
x(t)	2	↗		↘	0
y(t)		↘		↗	1
y'(t)	0	−	0	+	

On obtient le tracé suivant :

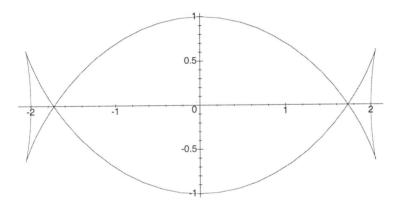

Tracé de T($\sqrt{2}$,1)

C'est le premier cas particulier distingué plus haut. Les équations sont :
$$x(t) = \frac{(2+\sin^2(t))\sqrt{2}}{2}\cos(t), \ y(t) = \sin^3(t).$$
On sait qu'il y a un point stationnaire, pour t = 0, situé en $(\sqrt{2}, 0)$.

☺ indications pour résoudre

Les deux premiers vecteurs dérivés sont nuls et le troisième ne l'est pas pour t = 0, donc ce vecteur est un vecteur tangent. On voit (calcul facile) qu'il est colinéaire à l'axe des ordonnées. Pour connaître la nature de ce point, il faut calculer la dérivée suivante, ou faire un développement limité à l'ordre 4 :

$$x(t) = \sqrt{2} - \frac{3}{8}\sqrt{2}t^4 + t^4\varepsilon(t),$$

$$y(t) = t^3 + t^4\varepsilon(t).$$

On voit que le vecteur dérivée d'ordre 4 est parallèle à l'axe des abscisses, donc indépendant du vecteur tangent.

Le point stationnaire est un point d'aspect ordinaire.

Les dérivées sont :

$$x'(t) = -\frac{3}{2}\sqrt{2}\sin^3(t),\ y'(t) = 3\sin^2(t)\cos(t).$$

On voit que x est décroissante, et y croissante. La figure est la suivante :

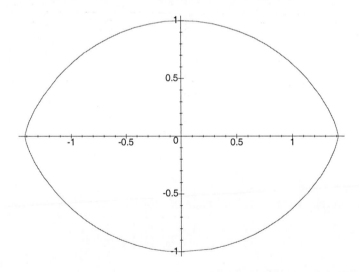

Tracé de T(4, 3)

Dans ce cas il n'y a pas de point stationnaire.

Les dérivées sont :

$$x'(t) = -\frac{1}{4}\sin(t)\bigl(2 + 21\sin^2(t)\bigr),$$

$$y'(t) = \frac{1}{3}\cos(t)\bigl(2 + 21\sin^2(t)\bigr).$$

Elles ont donc un signe fixe sur l'intervalle d'étude. Le tracé est :

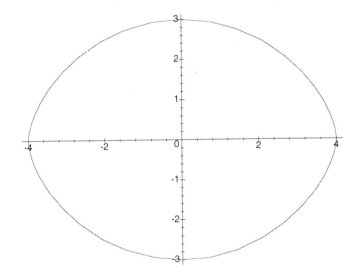

☺ indications pour résoudre

4) Il suffit de vérifier que la droite définie par P(t) et M(t) a la même direction que le vecteur tangent, en un point ordinaire.

Un vecteur directeur de cette droite est (u, v) :
$$u = \frac{a^2 + (a^2 - b^2)\sin^2(t)}{a}\cos(t) - a\cos(t),$$
$$v = \frac{-a^2 + 2b^2 + (a^2 - b^2)\sin^2(t)}{b}\sin(t) - b\sin(t).$$
$$u = \frac{(a^2 - b^2)\sin^2(t)}{a}\cos(t), \quad v = \frac{(b^2 - a^2)\cos^2(t)}{b}\sin(t).$$

Un vecteur directeur de la tangente est :
$$x'(t) = \frac{3(b^2 - a^2)\sin^2(t) + a^2 - 2b^2}{a}\sin(t),$$
$$y'(t) = -\frac{3(b^2 - a^2)\sin^2(t) + a^2 - 2b^2}{b}\cos(t).$$

Pour vérifier qu'ils sont colinéaires, on peut calculer leur déterminant :
$$u\,y'(t) - v\,x'(t).$$
$$uy'(t) - vx'(t) = \left(-\frac{\cos(t)}{b}\frac{\sin(t)}{a} + \frac{\cos(t)}{b}\frac{\sin(t)}{a}\right)$$
$$\times (a^2 - b^2)\sin(t)\cos(t)\left(3(b^2 - a^2)\sin^2(t) + a^2 - 2b^2\right).$$

Ce déterminant vaut bien 0.

Le vecteur (u, v) est bien perpendiculaire à OP(t) comme le montre le calcul de leur produit scalaire :
$$ua\cos(t) + vb\sin(t)$$
$$= (a^2 - b^2)\sin^2(t)\cos^2(t) + (b^2 - a^2)\cos^2(t)\sin^2(t) = 0.$$

(figure ci-contre).

Pour comprendre et utiliser - corrigés des exercices

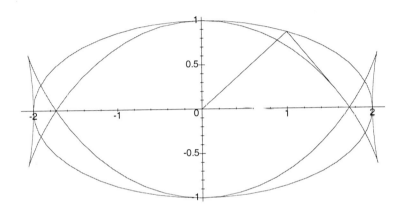

☺ indications pour résoudre

exercice 6-C

Construction d'éléments d'une conique

1) La figure est tracée ci-dessous :

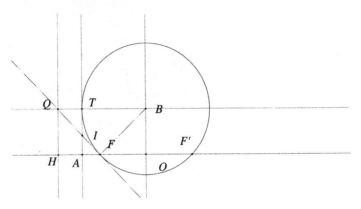

Notons a et b les demi-axes de l'ellipse ($a > b > 0$). Par construction, on a les égalités de longueurs :
$$BT = BF = a, \; BO = b,$$
donc d'après la relation de Pythagore dans le triangle rectangle FOB :
$$OF^2 = BF^2 - BO^2 = a^2 - b^2 = c^2,$$
où c désigne la distance focale. Donc F et F' sont bien les foyers.

On sait que l'excentricité de l'ellipse est égale à c/a, soit le cosinus de l'angle OFB. Soit I le point d'intersection de FQ et AT. D'après le théorème de Thalès, on a l'égalité de rapports de longueurs :
$$\frac{AF}{AH} = \frac{IF}{IQ} = \frac{IT}{IQ} = \cos(TIQ).$$

Or les angles TIQ et OFB ont même mesure, leurs côtés étant perpendiculaires, donc :
$$\frac{AF}{AH} = e.$$

et, F étant un foyer et A un point de l'ellipse, il en résulte que QH est la directrice.

2) La figure est la suivante :

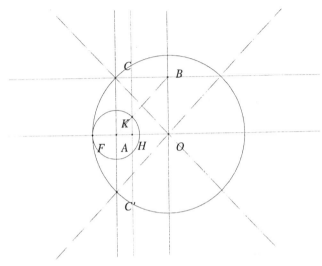

D'après la relation de Pythagore :
$$AC^2 = OC^2 - OA^2 = c^2 - a^2 = b^2,$$
donc dans le repère centré en O, la droite OC a pour équation :
$$y = -\frac{b}{a}x,$$
donc c'est bien une asymptote.

Soit H le projeté de K sur OF. On a les égalités de rapports de longueurs :
$$\frac{AF}{AH} = \frac{AK}{AH} = \frac{OC}{OA} = \frac{c}{a} = e.$$
La droite KH est bien la directrice.

(QC-1) A partir de cette figure, donner une construction des sommets et des directrices d'une hyperbole, connaissant les asymptotes et un foyer.

☺ indications pour résoudre

exercice 7-C

Intersection d'une droite et d'une parabole

1) La construction est représentée ci-dessous :

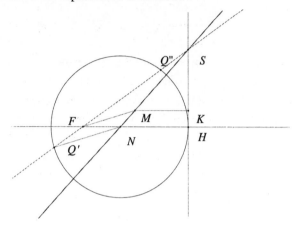

Soit K le projeté de M sur la directrice. On a, d'après le théorème de Thalès, les égalités :
$$\frac{SM}{SN} = \frac{MF}{NQ'} = \frac{MK}{NH}.$$

Comme NH = NQ', on voit que MF = MK, M est un point de la parabole.

Si N = F, les droites SF, NQ' sont confondues, donc la construction ne peut se faire.

La construction de Q' et Q" peut se faire si N sur la demi-droite d'origine F ne passant pas par H, car dans ce cas, le cercle coupe toujours SF.

Dans les autres cas, le cercle ne coupe pas toujours SF. Il y a deux positions limites pour N sur l'axe, en supposant que S est fixe, où on a l'égalité :
$$d(N, H) = d(N, SF).$$

Ces points N1 et N2 sont donc à l'intersection de l'axe de la parabole avec les bissectrices de l'angle FSH. Si N est entre ces deux points, SN ne coupe pas la parabole, sinon l'intersection existe.

(QC-1) Déduire de cette construction une propriété des tangentes à une parabole issues d'un point de la directrice.

2) Tracé de la figure :

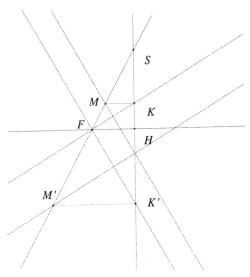

Le point M étant sur la médiatrice de FK, on a l'égalité :
$$MF = MK,$$
De plus, les angles MKF et MFK ont même mesure (triangle isocèle), et de même MFK et KFH (bissectrice). Il en résulte que HFK = MKF, donc MK est perpendiculaire à la directrice. L'égalité de longueur écrite plus haut montre que M est bien sur la parabole.

(QC-2) Déduire une propriété des tangentes à une parabole aux extrémités d'un "diamètre" (sécante passant par le foyer).

☺ indications pour résoudre

exercice 8-C

1) C'est, bien entendu, une autre formulation de la définition d'une conique, par foyer, directrice, excentricité.

2) La figure est la suivante :

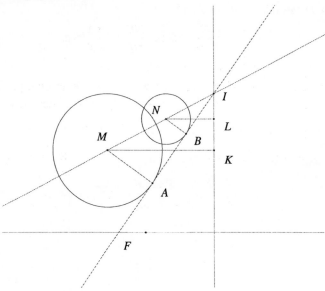

On suppose que le cercle de centre M est son cercle associé. Soit I un point de la directrice, et N l'image de M par une homothétie de centre I.
Le rapport d'homothétie est :

$$\frac{IN}{IM}.$$

Si IBA est une tangente commune aux deux cercles, B appartenant au cercle de centre N et A à celui de centre M, le théorème de Thalès montre que :

$$\frac{IN}{IM} = \frac{IB}{IA},$$

et de même si L est le projeté de N sur la directrice et K celui de M, on obtient :
$$\frac{IN}{IM} = \frac{IL}{IK} = \frac{NL}{MK},$$
donc on a l'égalité :
$$\frac{NB}{MA} = \frac{NL}{MK}, \text{ donc } \frac{NB}{NL} = \frac{MA}{MK} = e.$$
Le cercle de centre N est bien son cercle associé.

3) Le cercle de centre N passant par F est son cercle associé puisque N est un point de la conique. Le cercle de centre M tracé ci-dessous est l'image du cercle de centre N par l'homothétie de centre I et de rapport $\dfrac{IM}{IN}$.

D'après la question précédente, on obtient bien le cercle associé à M.

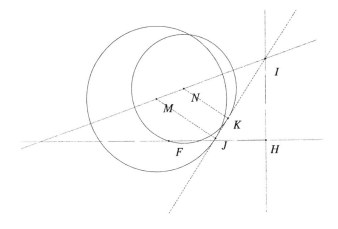

Cette construction est-elle toujours possible ?

D'une part, il se peut que MN soit parallèle à la directrice, donc que I n'existe pas. Dans ce cas, les points M et N étant à la même distance de la directrice, les rayons de leurs cercles associés sont égaux. Le cercle associé à M s'obtient à partir de celui de N par translation.

☺ indications pour résoudre

D'autre part, il se peut que le point I soit à l'intérieur du cercle (N, NF). On ne pourra pas dans ce cas tracer les tangentes indiquées.

(QC-1) Voyez-vous comment procéder dans ce cas ?

4) La figure est dessinée ci-dessous :

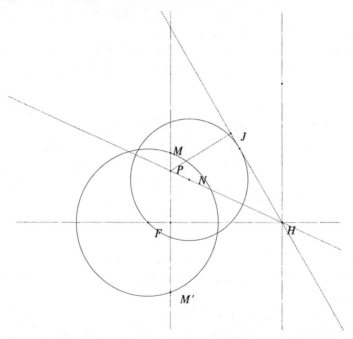

Par construction, PJ est le rayon du cercle homothétique du cercle associé à N par l'homothétie de centre H qui transforme N en P. Le cercle associé à P a donc pour rayon PJ.

Les cercles associés à M et M' ont le même rayon que celui de P, puisque P, M, M' sont à la même distance de la directrice. Ce rayon a donc pour longueur celle de PJ. Il en résulte que le cercle associé à M passe par F, donc M appartient bien à la conique. On raisonne de la même façon pour M', bien entendu.

exercice 9-C

Voici la figure indiquée :

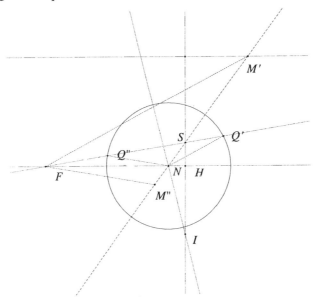

On traite le cas de M', celui de M" étant analogue.
L'homothétie de centre S qui transforme N en M', transforme Q' en F.
Projetons M' sur la directrice, en H'.
La même homothétie transforme H en H'.
On peut donc écrire :
$$\frac{M'F}{M'H'} = \frac{NQ'}{NH} = e,$$
puisque le cercle de centre N est son cercle associé. On voit bien que M' est un point de la conique.
Le cercle associé à N coupe-t-il SF ? C'est le cas seulement si :
$$e \times d(N,D) \geq d(N, SF).$$

☺ indications pour résoudre

L'ensemble des points X tels que $e \times d(X, D) = d(X, SF)$ est formé de deux droites passant par le point d'intersection S (un cas particulier est celui des bissectrices). Ces droites coupent l'axe de la conique en deux points. Entre ces deux points :

$$e \times d(N,D) < d(N, SF).$$

On en conclut que si N est entre ces deux points, SN ne coupe pas la conique, si N est l'un de ces points, les deux points M' et M" sont confondus, et SN est tangente à la conique. Enfin, si N n'est pas entre ces points, SN coupe la conique en deux points.

(QC-1) En déduire que si le cercle associé à un point quelconque de SN est tangent à SF alors SN est tangente à la conique.

---

exercice 10-C

1) On note H le milieu de MN, projection de O sur MN :

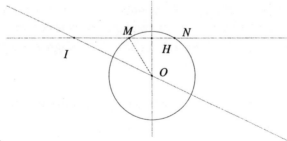

On a la relation :
$$IO^2 = IH^2 + OH^2.$$

Comme H est le milieu de MN :
$$\overline{IH} = \overline{IM} + \overline{MH} = \overline{IN} + \overline{NH},$$
$$\overline{IH}^2 = (\overline{IM} + \overline{MH})(\overline{IN} - \overline{MH}) = \overline{IM} \times \overline{IN} + \overline{MH}(\overline{IN} - \overline{IM} - \overline{MH})$$
$$\overline{IH}^2 = \overline{IM} \times \overline{IN} + \overline{MH}^2.$$

Or $HM^2 = R^2 - OH^2$, d'où la relation.

(QC-1) Que peut-on dire de la puissance d'un point M qui appartient au cercle ?

2) Soient R et R' les rayons des deux cercles, O et O' leurs centres. Un point A a même puissance par rapport aux deux cercles si et seulement si :
$$OA^2 - R^2 = O'A^2 - R'^2,$$
$$OA^2 - O'A^2 = R^2 - R'^2.$$
Choisissons un repère orthonormé de centre O, tel que O' ait pour coordonnées (r, 0). Soient (x, y) les coordonnées de A :
$$x^2 + y^2 - (x - r)^2 - y^2 = R^2 - R'^2,$$
$$2rx - r^2 = R^2 - R'^2,$$
On obtient bien une droite perpendiculaire à OO'.

Si les cercles sont sécants, les deux points d'intersection ont pour puissance 0 par rapport à chaque cercle, donc appartiennent à l'axe radical. Si les cercles sont tangents, le point de contact a également pour puissance 0, donc l'axe radical est la perpendiculaire à OO' au point de contact, c'est-à-dire la tangente commune.

3) Si les trois centres ne sont pas alignés, soit I l'intersection de deux des axes radicaux. La puissance de I par rapport aux trois cercles est la même. C'est le centre radical. Si les trois centres sont alignés, ce point n'existe pas.

(QC-2) Dans le cas de cercles extérieurs, en déduire une construction de l'axe radical.

4) Soient A et B deux points distincts, O le centre d'un cercle C. Ayant tracé un cercle auxiliaire C', centré sur la médiatrice de AB, passant en A et B, et coupant C, on construit le point I, et les tangentes IK et IK' à C.
Soient J et J' les points de la médiatrice définis dans la construction.
Raisonnons pour J : le centre radical des cercles C, C' et du cercle C" de centre J existe puisque, par hypothèse, O n'appartient pas à la médiatrice de AB. Or C et C' se coupent donc l'axe radical est leur corde commune, de même C' et C" se coupent en A et B, donc leur axe radical est AB. Le centre radical est le point I, intersection de AB et de la corde commune.

☺ indications pour résoudre

L'axe radical de C" et C est donc la perpendiculaire menée de I à la droite JO, c'est-à-dire IK. Cette droite étant tangente à C, il en résulte (question précédente) que IK est également tangente à C" et que C et C" sont des cercles tangents.
(Figure ci-contre)

(QC-3) Cette construction est-elle toujours possible ?

Pour comprendre et utiliser - corrigés des exercices

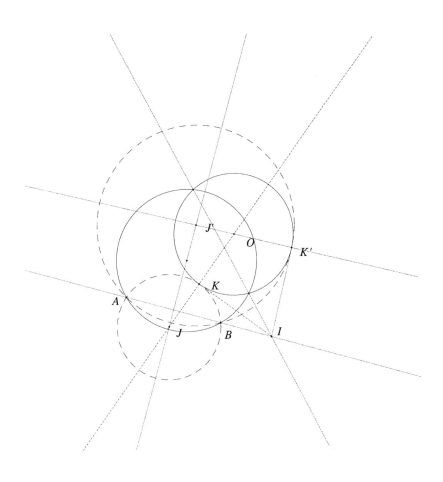

☺ indications pour résoudre

exercice 11-C
Intersection d'une droite et d'une conique à centre
La figure est la suivante, dans le cas d'une ellipse (foyers entre les sommets) :

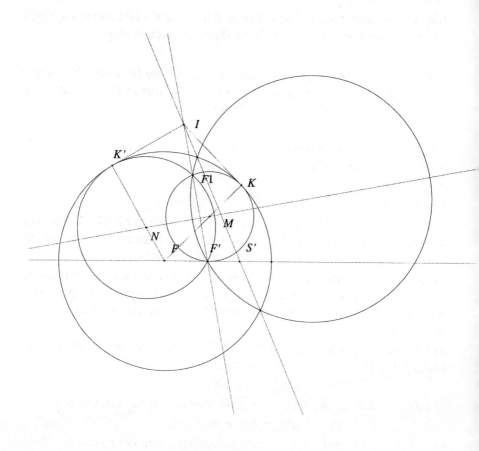

Pour tracer le cercle directeur, rappelons qu'on détermine le symétrique de F' par rapport à S'. Le cercle directeur de centre F passe par ce point. Les cercles étant tangents, il est clair que MF + MF' = MF + MK = FK, qui est le rayon du cercle directeur, donc M appartient bien à l'ellipse. On raisonne de même pour N.

Discussion : pour faire la construction, il faut que F' et F1 soient intérieurs au cercle directeur (car F' est intérieur dans le cas d'une ellipse).

(QC-1) On note b la longueur du petit axe de l'ellipse (distance du centre à un sommet non aligné avec les foyers). Vérifier que si D est parallèle à FF', alors D coupe l'ellipse si et seulement si :

$$d(F', D) \leq b.$$

(QC-2) Déduire une construction du cercle directeur de centre F à partir de la donnée de F, F' et d'une extrémité du petit axe.

exercice 12-C

1) Il suffit de constater qu'un nœud situé à distance minimale de l'origine est nécessairement indivisible. Il existe donc une base contenant a' = OA'. Soit OB' un vecteur du réseau formant une base avec OA'.

2) On sait qu'il existe une translation, dont le vecteur directeur est un vecteur du réseau, qui transforme C en O. L'image de D par cette translation est un nœud du réseau, soit D'. Les vecteurs OD' et CD sont donc égaux.

3) On sait que par le choix de A', $d(O, D') \geq d(O, A')$, donc, comme les vecteurs CD et OD' sont égaux, on a bien :

$$d(C, D) \geq d(O, A').$$

4) Soit g un élément de I(R). L'image de A' par g est un nœud de R, et :

$$d(O, g(A')) = d(O, A').$$

Les nœuds g(A'), pour g quelconque dans I(R), sont donc contenus dans le disque de centre O, de rayon d(O, A'). Ils sont en nombre fini.

☺ indications pour résoudre

On raisonne de même pour les images de B'. Les couples (g(A'), g(B')) sont donc en nombre fini. Or la donnée d'un tel couple détermine complètement l'application linéaire g. On en conclut que I(R) est un ensemble fini.

exercice 13-C

1) Le groupe des rotations de centre O opère sur l'ensemble des réseaux plans, et $\Omega(R)$ est le stabilisateur de R dans cette opération. C'est donc un sous-groupe du groupe des rotations.

2) Le raisonnement est le même que dans l'exercice précédent. On peut aussi remarquer que $\Omega(R)$ est un sous-groupe de I(R), donc est fini.

Soit r une rotation, et θ son angle ($0 \leq \theta < 2\pi$). Comme r appartient à un groupe fini, c'est un élément d'ordre fini. Il existe donc un entier m tel que r^m est l'application identique, donc il existe un entier k tel que :

$$m\theta = 2k\pi.$$

3) Si l'angle θ est le plus petit angle (non nul) d'une rotation de $\Omega(R)$, montrons qu'il existe n tel que $n\theta = 2\pi$. Notons r cette rotation. D'après le raisonnement précédent, il existe des entiers strictement positifs n et k tels que $n\theta = 2k\pi$. On peut choisir n et k premiers entre eux, en divisant si nécessaire cette égalité par le pgcd de n et k.

D'après le théorème de Bezout, il existe des entiers a et b tels que :

$$na + kb = 1.$$

Comme r n'est pas l'identité, b n'est pas nul (sinon n = 1). La rotation r^b n'est pas l'application identique, et son angle θ' vérifie :

$$0 < \theta' < 2\pi,$$
$$\theta' - b\theta \in 2\pi\mathbb{Z}.$$

Or :

$$\theta = \frac{2\pi}{n}, \ b\theta = \frac{2kb\pi}{n} = \frac{2\pi}{n} - 2a\pi,$$

donc l'angle θ' vaut :
$$\theta' = \frac{2\pi}{n},$$
et comme $\theta \leq \theta'$, on déduit que k = 1, et $\theta = \frac{2\pi}{n}$.

Si n est impair, soit n = 2p + 1. La rotation s d'angle π appartient à $\Omega(R)$ (c'est la symétrie par rapport à O), donc la rotation $r^{p+1} \circ s$ appartient à $\Omega(R)$. Or on a l'égalité :
$$(p+1)\theta + \pi = \frac{2(p+1)\pi + n\pi}{n} = 2\pi + \frac{\pi}{n}.$$
La rotation $r^{p+1} \circ s$ aurait donc pour angle $\frac{\pi}{n}$, inférieur à θ, ce qui est contraire à l'hypothèse selon laquelle θ est minimal.

On déduit que n est pair.

4) Supposons n > 2. Notons I(r) le sous-groupe de $\Omega(R)$ formé des puissances r^p de r. Supposons que A a été choisi parmi les nœuds les plus proches de O (voir exercice précédent). L'orbite de A sous l'action de I(r) forme les sommets d'un polygone régulier à n côtés, qui sont des nœuds de R. D'après l'exercice 12, la distance entre deux sommets consécutifs de ce polygone est au moins égale à la distance de O à l'un d'entre eux.

Notons a la longueur de OA. La distance entre deux sommets consécutifs est :
$$2a\sin\left(\frac{\pi}{n}\right).$$
L'inégalité suivante est donc vérifiée :
$$2a\sin\left(\frac{\pi}{n}\right) \geq a,$$
$$\sin\left(\frac{\pi}{n}\right) \geq \frac{1}{2}.$$

☺ indications pour résoudre

On en déduit :
$$\frac{\pi}{n} \geq \frac{\pi}{6},$$
$$n \leq 6.$$

(QC-1) Quelles valeurs peut prendre n ?

5) On démontre que toute rotation de $\Omega(R)$ est une puissance de r.

Soit ρ une rotation laissant R inveriant, et ω son angle. On sait que ω est de la forme suivante :
$$\omega = \frac{2p\pi}{m}, \ (m,p) = 1.$$

Le raisonnement fait plus haut montre qu'il existe une puissance ρ^b de ρ dont l'angle vaut $\frac{2\pi}{m}$. Comme $\frac{2\pi}{n}$ est le plus petit angle pour les rotations de $\Omega(R)$, on voit que $n \geq m$. La division euclidienne de n par m donne :
$$n = mq + s, \text{ avec } 0 \leq s < m,$$
donc la rotation $\rho^b \circ r^{-q}$ a pour angle :
$$\alpha = \frac{2\pi}{m} - \frac{2q\pi}{n} = \frac{2s\pi}{mn} < \frac{2\pi}{n}.$$

Or cette rotation appartient à $\Omega(R)$, donc son angle est au moins égal à celui de r s'il n'est pas nul. On voit que $s = 0$, et $\rho = r^{pq}$.

Le groupe $\Omega(R)$ est bien cyclique, et comme r est d'ordre n, $\Omega(R)$ aussi.

(QC-2) Ecrire les tables des groupes de rotations laissant un réseau plan invariant.

exercice 14-C

1) Soit a le vecteur OA, b le vecteur OB. Le réseau R est donc l'ensemble des vecteurs de la forme m.a + n.b (m, n entiers relatifs). Si ces deux vecteurs étaient orthogonaux, alors l'image de a par la symétrie orthogonale par rapport à OA est a, et l'image de b par cette symétrie est –b, donc cette symétrie serait une isométrie conservant le réseau.

On en conclut que OA et OB ne sont pas orthogonaux.

Si OA et OB avaient la même longueur, l'image de a par la symétrie orthogonale par rapport à la bissectrice de AOB est b, et l'image de b est a, donc cette symétrie serait un élément de I(R).

On en conclut que OA et OB n'ont pas la même longueur.

Ci-dessous une représentation de réseau "oblique".

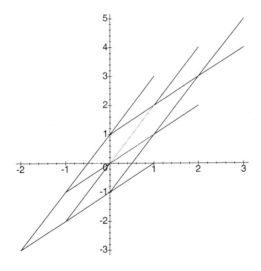

☺ indications pour résoudre

2) L'élément supplémentaire est une symétrie orthogonale par rapport à une droite, car ce n'est pas une rotation.

Comme I(R) est un groupe, il est stable par composition, donc l'isométrie S o δ est un élément du groupe. Or cette isométrie est également une symétrie orthogonale, par rapport à la perpendiculaire à D en O.

Soit D' cette droite, et δ' la symétrie orthogonale par rapport à D'.

Supposons qu'il existe une autre symétrie, soit δ", par rapport à une troisième droite D", dans le groupe I(R). Dans ce cas, l'isométrie composée δ" o δ serait un élément de I(R). Si θ est l'un des angles que font ces droites entre elles, on sait que δ" o δ est une rotation d'angle 2θ, ou –2θ. Comme 2θ ≠ π, cette rotation n'est pas égale à S. Or Ω(R) est égal à {I, S}. On peut en conclure que D" n'existe pas.

Une isométrie étant soit une rotation soit une symétrie orthogonale, on voit qu'il n'existe dans I(R) aucun autre élément que I, S, δ, δ'.

(QC-1) Ecrire la table de ce groupe.

---

exercice 15-C

Soient a et b les vecteurs d'origine O, et d'extrémités A et B respectivement. Les vecteurs a et b n'ont pas la même longueur, sinon la symétrie par rapport aux bissectrices de l'angle AOB seraient des isométries de I(R).

Remarquons que, A étant un noeud indivisible sur D, A est un des noeuds de D les plus proches de O. En effet, si U est un noeud de D le plus proche de O, et u le vecteur du réseau qu'il définit, alors il existe un réel α tel que :

$$a = \alpha.u.$$

Notons, pour un réel quelconque z, [z] sa partie entière.
On peut écrire :

$$a = [\alpha].u + \alpha'.u, \ 0 \leq \alpha' < 1,$$

donc α'.u est un vecteur du réseau, correspondant à un point de D plus proche que U de l'origine, donc α'.u = 0. On a alors a = [α].u, ce qui entraine, puisque A est un nœud indivisible, [α] = 1, et A = U.

On raisonne de même pour B.

1) Les vecteurs a et b forment une base du plan, en tant qu'espace vectoriel. Pour tout vecteur x appartenant au réseau R, il existe donc des réels s et t tels que :

$$x = s.a + t.b.$$

Posons :

$$s = [s] + s', t = [t] + t'.$$

Le vecteur x' = x − [s].a − [t].b est un vecteur du réseau, or il s'écrit :

$$x' = s'.a + t'.b,$$
$$0 \leq s' < 1, 0 \leq t' < 1.$$

Comme il n'y a pas de nœud à l'intérieur de la maille construite sur a et b, il en résulte que x' = 0. On conclut que x = [s].a + [t].b, et donc (a, b) est bien une $\mathbb{Z}$-base du réseau.

La figure est la suivante :

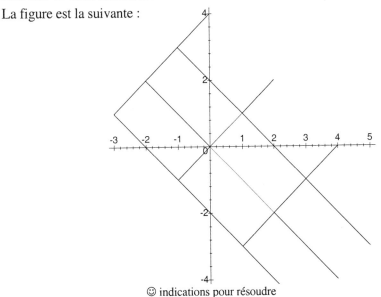

☺ indications pour résoudre

2) Soit a' (resp. b') le vecteur d'origine O et d'extrémité A' (resp. B').
Le vecteur a' + b' est de la forme k.a (k réel) et le même type de raisonnement montre que k est entier :
$$k.a = [k].a + k'.a, \ 0 \le k' < 1.$$
Le point A' étant à l'intérieur de la maille rectangulaire construite sur OAB, on a la relation :
$$0 < k < 2,$$
Il en résulte que k = 1. Le même raisonnement, avec a' − b', montre que :
$$a' = \frac{1}{2}a + \frac{1}{2}b.$$
Pour montrer que (a', b') est une $\mathbb{Z}$-base du réseau, on procède comme à la première question. Soit x un vecteur du réseau, il existe des réels s et t vérifiant :
$$x = s.a' + t.b'$$
$$x - [s].a' - [t].b' = s'.a' + t'.b',$$
$$0 \le s' < 1, \ 0 \le t' < 1.$$
Le vecteur s'.a' + t'.b', ou son symétrique par rapport à D, correspond à un noeud qui appartient à la maille rectangulaire. Or ce n'est pas A', c'est donc un noeud situé sur un des côtés de la maille : ce ne peut être que O.
On conclut :
$$x = [s].a' + [t].b'.$$
La figure est la suivante :

Pour comprendre et utiliser - corrigés des exercices 147

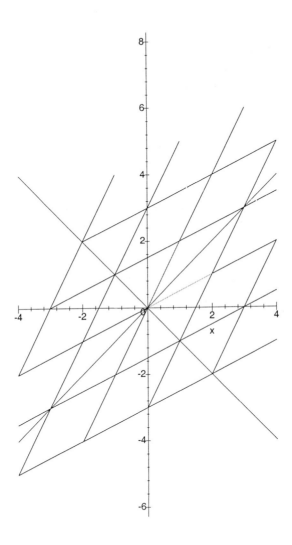

☺ indications pour résoudre

3-3 Corrigés des questions complémentaires

exercice 1-QC

Pour les courbes C'(q), le domaine d'étude est :
$$\left[0, \frac{2}{q-1}\pi\right].$$

On a vu que les points stationnaires sont obtenus pour :
$$t_1 = \frac{1}{q-1}\frac{\pi}{2},\ t_2 = \frac{1}{q-1}\frac{3\pi}{2}.$$

Rappelons que :
$$x'(t) = -q\sin(t) + q\sin(qt)$$
$$y'(t) = q\cos(t) - q\cos(qt).$$

D'où le vecteur dérivée seconde :
$$x''(t) = -q\cos(t) + q^2\cos(qt)$$
$$y''(t) = -q\sin(t) + q^2\sin(qt).$$

En un des points stationnaires, $\sin(t) = \sin(qt)$ et $\cos(t) = \cos(qt)$, donc en un tel point le vecteur dérivée seconde est :
$$x''(t) = (q^2 - q)\cos(t)$$
$$y''(t) = (q^2 - q)\sin(t).$$

Ce vecteur n'est donc pas nul, puisque $q > 1$. Le vecteur dérivée seconde est donc un vecteur tangent, on voit que ce vecteur est également colinéaire au rayon OT (voir question 1).

La dérivée troisième est :
$$x'''(t) = q\sin(t) - q^3 \sin(qt)$$
$$y'''(t) = -q\cos(t) + q^3 \cos(qt).$$
Elle n'est pas nulle, ni proportionnelle à la dérivée seconde.

On conclut que les points stationnaires sont des rebroussements de première espèce.

exercice 2-QC

Réciproquement, soit (x, y) un couple de réel vérifiant :
$$\left(x^2 + y^2\right)^2 = x^2 - y^2.$$

Il est clair sur cette relation que l'ensemble des points qui la vérifient est symétrique par rapport aux axes de coordonnées. Si x = 0, alors y = 0. Supposons x > 0, y > 0. La relation est équivalente à :
$$x^2\left(1+\left(\frac{y}{x}\right)^2\right)^2 = 1-\left(\frac{y}{x}\right)^2.$$

En particulier, le rapport $\frac{y}{x}$ est un réel compris entre 0 et 1. Soit t le réel compris entre 0 et $\frac{\pi}{2}$ tel que sin(t) = $\frac{y}{x}$. On peut écrire :
$$x^2 = \frac{\cos^2(t)}{\left(1+\sin^2(t)\right)^2}$$
et, comme x et cos(t) sont positifs :
$$x = \frac{\cos(t)}{\left(1+\sin^2(t)\right)}, \text{ d'où } y = \sin(t)\frac{\cos(t)}{\left(1+\sin^2(t)\right)}.$$
Le point (x, y) est bien un point de la lemniscate de Bernoulli.

exercice 5-QC

Pour déterminer un vecteur tangent au point stationnaire, on calcule les dérivées successives en ce point :

$$x''(t) = 2\frac{2b^2 - a^2}{a}\cos(t), \quad y''(t) = -2\frac{b^2 - 2a^2}{b}\sin(t).$$

Ces deux expressions s'annulent simultanément seulement dans le premier cas distingué plus haut. Sinon, le vecteur dérivée seconde est un vecteur tangent.

La dérivée troisième donne, au point stationnaire, si $a^2 = 2b^2$, et $t = 0$:

$$x'''(t) = 0, \quad y'''(t) = 6b.$$

Ce vecteur n'est pas nul donc la tangente au point stationnaire est parallèle à l'axe des ordonnées dans ce cas.

exercice 6-QC

1) Construction des sommets et des directrices d'une hyperbole à partir des asymptotes et d'un foyer.

On sait que les asymptotes ont pour équations :

$$y = \pm\frac{b}{a}x$$

dans le repère des axes de la conique.

Par ailleurs, $c^2 = a^2 + b^2$. Il en résulte que le projeté G du foyer F sur une des asymptotes est à la distance a de l'origine O. On en déduit la construction des sommets : ils sont à l'intersection de l'axe de l'hyperbole avec le cercle de centre O passant par G.

La perpendiculaire GH à l'axe de la conique passant par G est la directrice, comme on le voit dans le calcul suivant :

$$\frac{SF}{SH} = \frac{OF - OS}{OS - OH} = \frac{c - a}{a - \dfrac{a^2}{c}} = e.$$

exercice 7-QC

1) Si N est en N1 ou en N2, Q' et Q" sont confondus, ce qui correspond à SN tangente. On en conclut que les tangentes à une parabole issues d'un point S de la directrice sont les bissectrices de FSH, perpendiculaires entre elles.

2) Par construction, la médiatrice de FK est la tangente en M. La tangente en M' est l'autre médiatrice. Or ces droites sont perpendiculaires à deux droites perpendiculaires entre elles, les deux bissectrices de SFH, donc les tangentes aux extrémités d'un diamètre sont perpendiculaires entre elles.

exercice 8-QC

Le problème ne se pose, bien entendu, que si le cercle associé à N coupe la directrice, c'est-à-dire si e > 1 (hyperbole). On remarque que le rayon du cercle associé à M est le même pour M' si MM' est parallèle à la directrice. Il suffit donc de trouver M', à la même distance de la directrice que M, et tel que M'N coupe la directrice en dehors du cercle associé à N.

exercice 9-QC

Le cas intermédiaire, où $e \times d(N,D) = d(N, SF)$, est celui où le cercle associé à N est tangent à SF. C'est bien dans ce cas que SN est tangent à la conique.

exercice 10-QC

1) Dans ce cas, OM = R, donc la puissance est 0.

2) Il suffit de tracer un cercle auxiliaire qui coupe les deux cercles donnés. Les axes radicaux des couples de cercles sécants sont faciles à construire d'après la question précédente. Leur intersection est un point de l'axe radical des cercles non sécants. Il suffit de tracer la perpendiculaire de ce point à la droite des centres.

3) Pour faire la construction, il faut que A et B soient tous deux extérieurs, ou tous deux intérieurs au cercle C. Sinon le point I est à l'intérieur de C, et il n'est pas possible de tracer les tangentes de I à C.

exercice 11-QC

1) C'est clair d'après l'équation de l'ellipse. L'ordonnée d'un point de l'ellipse est comprise entre –b et b.

2) Dans le cas où la droite D de la QC précédente est la tangente, le symétrique de F' par rapport à D est un point du cercle directeur (voir la construction). Pour construire, inversement, le cercle directeur de F, à partir de F, F', et de l'extrémité B d'un petit axe, on procède comme suit :

⊙ tracer la parallèle à FF' par B,
⊙ construire le symétrique F" de F' par rapport à cette droite,
⊙ le cercle de centre F passant par F" est le cercle directeur.

exercice 13-QC

1) Comme n est pair, il peut prendre les valeurs 2, 4, 6.
2) Ce sont les groupes cycliques d'ordre 2, 4 et 6 respectivement. Leurs tables sont donc :

n = 2	e	s
e	e	s
s	s	e

n = 4	e	s	s^2	s^3
e	e	s	s^2	s^3
s	s	s^2	s^3	e
s^2	s^2	s^3	e	s
s^3	s^3	e	s	s^2

n = 6	e	s	s^2	s^3	s^4	s^5
e	e	s	s^2	s^3	s^4	s^5
s	s	s^2	s^3	s^4	s^5	e
s^2	s^2	s^3	s^4	s^5	e	s
s^3	s^3	s^4	s^5	e	s	s^2
s^4	s^4	s^5	e	s	s^2	s^3
s^5	s^5	e	s	s^2	s^3	s^4

exercice 14-QC

La table est la suivante :

	I	S	δ	δ'
I	I	S	δ	δ'
S	S	I	δ'	δ
δ	δ	δ'	I	S
δ'	δ'	δ	S	I

4 ✸ Pour Chercher

Indications pour les exercices (☺)

exercice 1-I

1) Les longueurs des arcs AT et TP sont égales.

2) Poser $t' = t + \frac{2b}{a}\pi$. Développer cos(t'), cos(qt'), sin(t'), sin(qt').

3) On peut raisonner d'abord géométriquement pour voir les réponses.

4) Ecrire que $x'(t)^2 + y'(t)^2 = 0$.

exercice 2-I

2) Exprimer sin(t) en fonction de x et y, puis reporter.

3) Calculer le carré du produit de distances. Poser X = sin(t) pour faciliter les simplifications. Calcul un peu long.

4) Mettre d'abord en équation à l'aide de l'angle θ de O'O et OM. Remarquer ensuite que $\tan(\theta)$ est compris entre –1 et 1, et poser :

$$\tan(\theta) = \sin(t).$$

exercice 4-I

Remarque générale : les calculs sont un peu longs, ne pas se décourager !

1) Chercher d'abord les valeurs de t qui annulent x'(t), et voir si elles annulent y'(t) (on trouve deux cas).

3) Même remarque pour la recherche des points stationnaires.

exercice 5-I

2) On trouve trois cas où les dérivées pourraient s'annuler simultanément. Discuter en fonction des paramètres a, b, e.

3) Pour étudier la nature d'un point stationnaire, on peut soit calculer les dérivées successives (méthode à utiliser pour la première courbe) soit faire un développement limité (plus facile pour la seconde courbe).

4) Ecrire des vecteurs directeurs de la tangente et de la droite M(t)P(t) et vérifier qu'ils sont colinéaires (déterminant).

Pour l'orthogonalité, penser au produit scalaire.

exercice 6-I

1) Pour les foyers, relation de Pythagore. Pour la directrice, représenter l'excentricité comme un cosinus d'un angle de la figure.

2) Utiliser la relation de Pythagore, et les équations des asymptotes.

Pour la directrice, penser au théorème de Thalès.

exercice 7-I

1) Projeter M sur la directrice. Utiliser Thalès.

exercice 8-I

2) Si I est le centre de l'homothétie, les cercles ont des tangentes communes passant par I. De plus les centres sont homologues par l'homothétie, ainsi que leurs projections sur la directrice. Ecrire à partir de cette remarque des égalités de rapports.

4) Se rappeler que le rayon du cercle associé à un point ne dépend que de la distance de ce point à la directrice.

exercice 9-I

Utiliser l'homothétie de centre S qui transforme N en M' (ou raisonner par le théorème de Thalès) pour obtenir des égalités de rapports.
Pour la discussion, voir à quelle condition le cercle associé à N coupe SF.

exercice 10-I

1) Il peut être utile d'introduire le milieu H de MN.
2) Ecrire l'équation de l'axe radical dans un repère bien choisi et constater que c'est bien l'équation d'une droite.
4) Le point I est un centre radical.

exercice 11-I

Calculer MF + MF', en utilisant la tangence des cercles.

exercice 12-I

1) Un nœud à distance minimale est indivisible.
4) Les images d'un nœud à distance minimale sont à distance minimale, donc contenu dans un disque de rayon égal à cette distance : ces images sont en nombre fini.

exercice 13-I

1) C'est un stabilisateur.
2) Voir raisonnement de l'exercice 12. Dans un groupe fini, les éléments sont d'ordre fini.
3) Supposer n impair, et composer une puissance convenable de r avec la symétrie s par rapport à O. Déduire une contradiction avec le fait que l'angle est minimal.
4) Le côté du polygone régulier formé des transformés d'un nœud à distance minimale de O doivent être de longueur au moins égale à cette distance (exercice 12).

exercice 14-I

1) Une transformation qui transforme les vecteurs d'une $\mathbb{Z}$-base en vecteurs du réseau laisse le réseau stable.

2) Les isométries sont soit des rotations, soit des symétries axiales.

exercice 15-I

Si un nœud est indivisible sur une droite c'est un nœud le plus proche de O sur cette droite.

1) Etant donnée une base du plan (comme espace vectoriel de dimension 2), on peut chercher si c'est une $\mathbb{Z}$-base du réseau en considérant les parties entières des coordonnées. Utiliser ici l'hypothèse sur la maille.

2) Raisonnement analogue.

Achevé d'imprimer en mai 2001
sur les presses de Normandie Roto Impression s.a.
à Lonrai (Orne)
N° d'imprimeur : 011179
Dépôt légal : mai 2001

Imprimé en France